ニュースのあとがき

大越健介

小学館

ニュースのあとがき

はじめに

週末の昼下がりは、だいたい散歩をするか、ネコと遊ぶか、そうでなければパソコンのキーボードに向かい、報道ステーションのホームページに掲載するコラムを書いている。ゆったりと流れる、とても好きな時間だ。

コラムは、ほぼその週に起きた出来事を題材にしている。書いている途中にネコが寄ってきて邪魔されることも多いが、そのときは手を止めてネコと遊ぶ。原稿は後でも書けるが、同じくらい大事なネコとの時間はおろそかにできない。

報道ステーションのキャスターを任されてから2年半が過ぎた。番組に初登板したその日に、第100代の内閣総理大臣が誕生するという巡り合わせだった。

やがてロシアがウクライナに攻め入り、国際情勢は激変した。気候変動は誰の目にも明らかになり、夏の猛暑などは普通のことになった。大谷翔平選手に象徴されるスポーツが持つ光は人々を明るく照らしたが、AI（人工知能）がいずれ人間に取って代わるのではないかと、社会は背筋が寒くなるような不安を抱えている。

時代を動かす歯車が一気にスピードを上げ、音を立てて回り始めたような2年半だった。番組の伝え手としては、日々のニュースに食らいついていくだけでも大変だ。しかし、振り回されっぱなしというわけにはいかない。

幸い、報道ステーションという番組は、ニュースを視聴者に届けることについての使命感と熱量がすごい。

デスク陣はその日の動きに必死に目を凝らし、ためらうことなく取材陣を現場に派遣し、取材陣は放送時間ぎりぎりまで事実の本質に迫る努力を続ける。制作陣は、選びぬいた映像素材と練りに練ったコメントで、ニュースの裏側まであぶり出すようなＶＴＲを編集する。そして、厳選した資料と聞き取りによって展開するスタジオ解説は緻密であり、しかも柔軟だ。

そのキャスターを務める僕は、テレビ報道では十分すぎるほどのベテランの域に達している。だが、経験を頼りにはできない。ニュースは今を映し出すからだ。

時代に即応できているかどうか。ニュースの正体を感じ取るセンサーのようなものが、自分の中で間違いなく機能しているかどうか。その点検を怠るわけにはいかない。

毎週１回、落ち着いてニュースを振り返り、コラムを書くのはそんな自己点検の一環でもある。

その週のニュースの中から、自分の心がとらえたものを改めて整理し、言葉を当てはめ、文章を紡いでいく。そして、行きづまったときはネコに助けてもらう。遊んでいるうちに視界が開けることもあれば、新たな気づきに至ることもある。

そうして書き上げたコラムは、一つひとつがいわば「ニュースのあとがき」であり、この本のタイトルそのものだ。

本書には、キャスター就任当初から、昨年（2023年）末までに書き溜めた100本余りのコラムのうち、約70本を選んで掲載した。

ニュースが持つ意味を自分なりにかみ砕いたつもりだが、ネコとじゃれ合いすぎて、完全にプライベートな内容へと脱線したものもある。そのあたりはご容赦いただきたい。

第1章　新たな職場「報道ステーション」2021年10月〜12月　11

第4章　立体的に報じる

2023年1月～6月

201

第5章　ニュースとインタビュー　2023年7月〜12月　277

ブックデザイン——————bookwall
カバー、扉、章扉写真——村井香
ヘアメーク——————荻山夏海(KAUNALOA)
スタイリスト——————越水史子(style55)
制作協力——————テレビ朝日、文化工房

第1章

新たな職場「報道ステーション」

2021年10月〜12月

持っているひと【2021年10月4日】

「あんた、持ってるね」とよく言われる。

10月4日、僕は報道ステーションに初登板する。

その日は臨時国会の召集日にあたり、ちょうど100代目の内閣総理大臣が指名される日となった。ひょっとしたら国会や政府が僕のデビューに合わせてくれたのかもしれない（そんなはずないか）。

それにしても、なんと大きな節目に出くわしたことか。

僕は以前、長いこと政治記者をやっていた。だから僕を知る人は、「いきなり相性のいいニュースに恵まれた運のいいヤツだ」と思うのだろう。そこで今回も「持ってるね」と感心したように言ってくれるのである。

なるほど、持っているのかもしれない。そう思うとソワソワし始め、スイッチが入ってしまった。

9月29日の自民党総裁選挙。昼間からテレビにかじりついて総裁選投開票の様子に目を凝らす。昔ながらの議員投票の進行である。案の定、岸田さんが決選投票に勝利した。票数もだいたい予想の線だ。「オレのカンも鈍ってないぞ」と自画自賛したりする。

第100代総理大臣となる岸田さんの総裁就任会見を、メモを取りながら見る。「得意技はひとの話を聞くことです」という岸田さん。質問の一つひとつを拾いながら丁寧な対応を心がけているのが分かる。だが発言の具体性は乏しい。まあそんなものだろうな、などとテレビの前でブツブツつぶやいている自分がいる。

岸田さんは「新しい資本主義」をしきりに強調している。中間層に手厚くお金を分配して消費を生み出し、それが成長をもたらす好循環につながるのだと主張している。

それはそうだけどさ、と、またしても僕はつぶやく。財源はどうするの？　赤字国債なら結局は将来の国民へのツケになるわけでしょ？　ああ、直接質問をぶつけたい。

翌日、自民党役員人事が相次いで固まり、メディア各社はニュース速報に余念がない。僕はこの日もテレビにかじりつき、スマホをのぞいている。政治記者時代、「抜きつ抜かれつ」の取材合戦にはいつもしびれたものだ。

幹事長には甘利さん。政調会長には高市さんか。麻生さんと安倍さんといった後ろ盾の影がちらつく。ドンに配慮した人事だね。流れる速報を見ながらひとり納得している。おっ、総務会長には当選3回の福田（達夫）さんを抜擢か。総裁選で党に新風をと訴えた派閥横断グループのリーダーだ。若手に配慮した抜かりない人事ですな。でも、いかにもという感はぬぐえない。僕はすっかり訳知り顔である。

ブツブツ言いながらひそかに興奮している僕を、妻が珍しい動物を見るように眺めている。

でも、どうにもフラストレーションがたまるのである。なぜだろう。よく考えてみれば答えは明らかだった。現場に出ていないからだ。

テレビの前で微動だにせず、かといってひとりの視聴者に徹することもできず、僕は中途半端な立場で独り言をつぶやいていただけだった。机上だけでものを考える、たちの良くない評論家のように。


もちろん、現場に身を置いたからといってすべてが分かるわけではない。でも、ニュースの現場が持つ独特の空気に触れるだけで、自分の中に化学反応が起きる。思わぬ発見があったり、頭の中の仮説に現実の血肉を与えてくれたりする。

現役の記者時代、そしてテレビでキャスターを務めるようになってからも、自分はそうやって「伝えるべきものは何か」を探し続けてきたのではなかったか。

そんな、自分にとって当たり前のことに改めて気がついた。NHKを退職してから3か月、報道ステーションのキャスターとして登板する間際になってぎりぎり間に合った。いや、原点を再確認するまでにそれだけの時間が必要だったというべきか。

これからは再び現場に立つことができる。カメラとともに。あるいは身ひとつで。足を運べる現場の数に限りはあるが、せめて現場を知る人の思いに触れることはできる。

そうしてスタジオでの言葉を紡いでいく。それはキャスターの大事な仕事だ。

だから10月4日は国会に足を運ぼうと思う。現場で感じるすべてのことが、頭でっかちになりがちだった僕の心を揺さぶり、眠っていた細胞が目を覚まし、もっと知りたい、もっと伝えたいという素直な欲求が湧き起こることを願う。


つくづく、僕は持っていると思う。

それは、慣れ親しんだ政治の季節に番組デビューができるからではない。それは、一区切りつけたくなる年齢になってなお、報道の第一線に立つ仕事に恵まれたことであり、番組を支えるエネルギッシュな仲間たちと知り合えた幸運にほかならない。


扱うものは森羅万象。ニュース番組の醍醐味《だいごみ》だ。

背筋を伸ばして本番に臨みたい。


（2021年9月30日記す）

引いてくるひと【2021年10月8日】

「あんた、引いてくるね」と言われるようになった。

それは放送中に起きた。

先週このコラムを書いたときには、「あんた、持ってるね」と言われることに少々有頂天になっていたのだが、実際に報道ステーションのキャスターとなった最初の1週間で、「持っているひと」から「引いてくるひと」に変わってしまった。

報道の世界では奇妙な運の持ち主がいる。「Aデスクが泊まり勤務のときには必ず大きなニュースが舞い込んでくる」などと恐れられる人だ。Aデスクが泊まりの日、「夜中に呼び出されそうだなあ」と嫌な予感とともに帰宅すると、果たして大きな事件や事故が起き、慌てて現場に駆けつけるなんてことがよくある。そんなときに「Aさんはよく引いてくる」というふうに使う。「引きが良すぎるんだよ、まったく」などと愚痴がこぼれる。

今週の僕がどうやらそれだった。

10月7日の夜10時41分。首都圏は大きな地震に見舞われた。震度は東京都足立区や埼玉県川口市で震度5強を記録。港区六本木にあるテレビ朝日のスタジオでは、報道ステーションのオンエア真っ最中。足元が大きく揺れた。安全対策が施してあるとはいえ、スタジオの天井にある照明類が不規則に波打ち、恐怖心を覚える。


スタジオは予定のニュースを中断し、緊急報道に切り替わる。画面は各地の情報カメラの地震発生時の映像を映し出す。

こういうとき、何度も訓練を積んだ熟練の報道アナウンサーは心強い。相方の小木逸平アナは顔色ひとつ変えずに「命を守る行動を！」と呼びかけ続け、揺れの映像を正確に読み解いていく。僕も情報の補足を行いながら、急きょ電話をつないだ専門家へのインタビューなどで地震被害の実態に近づこうと試みる。

放送は報道ステーションの終了予定時刻を大幅にオーバーし、日付をまたいで続けられた。


「引きますねえ」

スタジオのバックヤードで原稿やカンペを持って走り回ったスタッフたちは、疲れた顔で言った。地震は僕のせいではないとは思うのだが、なんだか申し訳ない。

この地震では人命が失われる事態とはならなかったが、数十人のけが人のほか、マンホールから水があふれ出るなどの被害が出た。そして交通機関の混乱によって数多くの帰宅困難者が生まれ、都市機能のもろさが浮かび上がった。

地震はもうごめんだが、現実はそうはいかない。より浅い震源で発生し、深刻な被害をもたらすことが見込まれるマグニチュード7クラスの「首都直下地震」は、なお今後30年の間に70%の確率で発生すると言われている。誤解を恐れずに言えば、今回は日々の備えに怠りはないかを試す抜き打ちテストと理解すべきかもしれない。ならば、生かすべき教訓がある。


僕が引いてきた中には、素晴らしいニュースもあった。

キャスター登板2日目の5日火曜、真鍋淑郎《しゅくろう》さんのノーベル物理学賞受賞決定のニュースが飛び込んできた。気候学の分野ではほぼ例を見ない物理学賞である。地球温暖化防止は待ったなしというノーベル委員会のメッセージを読み取ることができる。

報道局内は大騒ぎである。報道ステーションの開始まで3時間しかない。大急ぎでその研究内容を確認、過去に真鍋さんを取り上げた放送素材を探し、ゲストとして招く専門家にコンタクトを取る。真鍋さんが住むアメリカ・ニュージャージー州の自宅にはニューヨーク支局の特派員が急行した。

迫る放送開始時間を前に、スタッフの間には緊張感がみなぎっていた。とはいえ、やはり表情は晴れやかだ。こういうニュースは何回引いてきてもいいものだ。

だが、少し立ち止まって考えてみると、誰が持っていようが引いてこようが、この世には伝えるべきニュースがたくさんあるのだと痛感する。ニュースを伝える現場は、時代の証人としての役割を負っている。限られた時間の中であっても、可能な限り事実の本質に迫る努力を惜しんではならないと、覚悟を新たにする。

番組初登板となった激動の1週間を終えて自宅でほっとしていると、この1週間、仕事以外のことにほとんど目が向いていなかったことに気づいた。なんだか妻の顔も久しぶりに見たような気がする（ごめんなさい）。このコラムを書いていると、ネコのコタローがしきりにキーボードに乗っかってきて邪魔をする。甘えたかったんだろうなあ（ごめんなさい）。

庭の片隅にある小さな家庭菜園に出てみた。シシトウが「早く食べてくれ！」と言わんばかりにたくさんの実をつけていた。放ったらかしでごめんなさい。

来週は「持っている」とか「引いてくる」とか言わなくても済む、平穏な日々が続きますように。いや、平穏すぎても報道番組としてはつらいものがある。悩ましい。

シシトウは、甘辛く煮て酒のつまみにでもするか。

「ワカモノ」を考える【2021年10月16日】

ものの本によれば、古代エジプトの象形文字を読み解いていくと「今どきの若者は……」という趣旨の愚痴が記されていたそうだ。人類の社会ではいつの世も、年長者にとって若者は頼りなく、ときに理解不能な存在なのだろう。

僕も人類のひとりであり、しかも残念ながら年長者の部類に入っているので、「今どきの若者は……」という気持ちになっても不思議はない。

でも、僕はこの「若者」という日本語に違和感を覚えるときがある。それは自身の個人的な職業体験から来ている。

大学を出たばかりのNHKの新人記者時代、僕は岡山放送局で警察担当をしていた。事件記者と言うとカッコいいが、世間をあっと言わせる特ダネが連発できたわけではなく、ましてやドラマのように刑事と一緒に事件を解決するなんてことはあるはずもない。警察からの発表モノにつたない取材を加味してニュース原稿に落とし込むという、地味な仕事が大半だった。

「若者のバイクの事故を減らそう」とか、「若者は薬物依存に陥りやすい傾向があるので注意しよう」といった正義の啓発が、ほぼそのまま放送原稿になった。若者という言葉とともに。

そんなとき、ふと疑問を感じることがあった。自分だってついこの前まで学生だったのに、つまり自分もまだ若者なのに、なぜ若者に注意喚起する側に回ってしまったのだろうと。学生からいわゆる社会人へと立場を変えただけで、当たり前のように年長者の側に立ち、上から目線になってしまっている自分に気づいたのだ。

そんな違和感を僕はまだ引きずっている。もう若者からはすっかり遠い年齢になってしまったのに。

「政治の季節」がやってきた。10月31日に衆議院選挙が行われる。2016年、選挙権年齢がそれまでの20歳から18歳に引き下げられた。高齢者の比率が増えているこの国にあって、全有権者に占める若者の割合を増やし、政策に若者の声を反映させようというのが狙いのひとつである。だが若者の投票率は依然、かんばしくない。選挙権年齢引き下げ後2回目となる今度の衆議院選挙はどうなるだろうか。

ということでカメラクルーと共に街に出てみた。

定番スポットである東京・渋谷のスクランブル交差点に立って若者たちに声をかけ、政治への関心や望む政策を聞く。これまでの経験で、街頭インタビューで答えてもらえる確率はだいたい3割といったところか。打率3割はプロ野球では十分に好打者である。だが、今回は対象を10代後半から20代くらいの人に絞る上に、しかめっ面のおっさん（つまり僕）が「政治のことでお聞きしたいのですが……」とマイクを向けるわけだから、成功率は1割そこそこかなと覚悟していた。

ところが、想像以上に多くの人たちがマイクの前に足を止め、語ってくれた。正確に数えてはいないが、声をかけたうちの4割近くが答えてくれたように思う。イチロー選手の全盛期くらいの打率かな。

内容もバリエーションに富んでいた。

「正直言うと政治には無関心かなあ。私たちに関係あることって、せいぜいコロナの緊急事態宣言とかだし」。なるほど。考えてみれば自分の学生時代もそうだったなあ。平和大国ニッポンでは、政治に無関心であることにはそれなりの理由がある。

「SNSで政治の情報はフツーに集めていますよ。でもテレビは見ません」。そうか、政治への関心が低いわけではないのだね。でもテレビは見ないのだね。はぁ。

そして何より多かったのが、政策が高齢者に偏っているという意見だった。

「僕らの世代は年金なんてもらえないのだろうと思います」。今の高齢者も大事だけど、自分たちの世代にも将来、年金が行きわたる制度を考えてほしいという意見だ。つまるところ政治家はお年寄りの手堅い票が頼りであって、お年寄り向けの政策に金も労力も投入されがちなのだと冷静に分析する人もいた。

　だからあなたのような若者こそ、きちんと投票所に足を運んでほしいと思いながら話を聞いた。


　一方で、こうして若い人たちだけをターゲットにして声を拾っていること自体、果たして正しい取材行為なのかどうかが分からなくなった。

　若者という特別なカテゴリーに彼らを追いやって、年長者の上から目線で話を聞くという図式にはまり込んでいないか。彼らは別に若者という記号で生きているわけではない。一人ひとり名前を持つ市民なのであって、こちらが勝手に「若者の意見は……」と枠づけてしまうことは、とても傲慢なことではないのか。


　いろいろ考えることの多かった1週間。週末に孫が久々に遊びに来た。お気に入りのアニメキャラクターの人形が欲しいらしい。彼女のおねだりにほとんど無抵抗な僕は、近くのゲームセンターにお供し、クレーンゲームの前に陣取った。１００円玉を投入しながら一緒になって血眼《ちまなこ》でキャラクターを狙う。

　ふと目を横に向けると、なんと、カップ麵ひと箱をゲットできるマシーンがあった。へえ、と思いながらも、普通に買った方が安いんじゃないの？　と疑問がわく。まあ、ゲーム感覚で楽しみたいということなのだろうなと思いつつ、さらにセンター内を観察してみる。すると、すっかり必需品となったマスクのクレーンゲームがあった。なんで？？？　それこそ必需品なのだから、賭けに出る必要なんてどこにあるのか。

ゲームセンターの中はほぼ若者である。彼らが好むクレーンゲームはカオスだった。若者という特別なカテゴリーに彼らを押し込めるのはよろしくないとか言いながら、今どきの若者は理解不能だよ、などと60歳の僕は思ってしまったのだった。

松坂世代【2021年10月23日】

折に触れて電話をかけ、自分が担当する番組について意見を聞いている先輩がいる。若いころ、記者の仕事、放送という仕事の「いろは」を教わってきた尊敬する人だ。先日、おずおずと聞いてみた。「リニューアルした報道ステーション、どうですか？」

「よくやっているじゃないか！」とまずはほっとする答え。ただ、やさしく注文がついた。

「うーん、衆院選より『松坂引退登板』がトップニュースっていうのにちょっと引っかかったというか……。やっぱりトップは選挙の方じゃないのかなって。個人的にあまりスポーツに関心がある方じゃないし、ほら、なにしろオレたちはＮＨＫのＯＢだからさ。ニュースはオーソドックスであるべきだと思うんだよね」


10月19日、衆議院選挙が公示され、候補者が出そろった。政権を選択する選挙なのだから国の一大事だ。間違いなく衆院選公示はトップニュース候補だ。しかしこの日の報道ステーションは、引退を表明していた西武の松坂大輔投手の最後のマウンドをトップに据える方針で臨んだ。そのニュース判断を下したこの日の責任デスクに僕は敬意を抱き、ならばしっかりと伝わるニュースにしたいと思った。

夕方、試合が行われる埼玉・所沢のメットライフドームに向かった。ファンの声を拾うとともに、自らスタンドに足を運び、球場の空気に触れるためだ。ロケの相棒となってくれた若いディレクターは、大学までハンドボールのゴールキーパーとして数々のシュートを阻止してきたスポーツ好きの女性だが、トップを飾る予定のニュース取材とあって心なしか緊張している。

試合前の球場周辺では良い取材ができた。西武球場前駅はホームのひとつを丸ごと松坂専用コーナーとし、そこに停めた電車がちょっとした博物館に仕立てられている。ファンが感謝のメッセージを書いて電車の車体に貼り付ける工夫も面白かったし、何よりファンの心からの思いを聞けた。

「松坂のような選手になってほしい」と、子どもたちを連れてきた少年野球の指導者。

「この前は日本ハムの斎藤佑樹投手の引退登板をスタンドで見ました。きょうは松坂投手。感無量です」と語ってくれたのは、札幌から駆けつけた松坂投手の「親世代」の女性だ。

そろそろ試合開始だなと、スタンドに向かいかけたとき、ディレクターが「もう少し声を集めたいんです。私たちのような、松坂さんよりも年下の人たちが彼をどう見ていたのかを知りたくて」と言った。そしてお目当ての世代の女性に声をかけた。

小学校6年生のときに松坂にひと目ぼれしたというその女性は、「それまで運動が大の苦手だったのに、中学校からはソフトボール部に入ってがんばりました。人生がちょっと変わったかな」と言う。

なるほど、スターと呼ばれる選手にはそれだけの理由がある。人々の人生を照らし、影響を及ぼすことができるから。そのことに気づかせてくれるインタビューだった。

そのままスタンドに入る僕と別れ、ディレクターはもっとたくさんの声を集めたいからと、カメラクルーとともに東京の新橋に向かった。

41歳となった松坂の最後の登板をスタンドで見守った僕は、言葉が出なかった。

夏の甲子園で、今も語り継がれるＰＬ学園との延長17回の完投勝利。西武のルーキーとして、あのイチロー選手から初対戦で三打席連続三振を奪った快投。メジャーリーグに渡り、レッドソックスでワールドシリーズを制した最高潮の日々。そしてけがとの戦いに明け暮れ、不本意だったに違いない帰国後の日々。いろいろなことが浮かぶ。

とにかくこの人にはマウンドがよく似合う。

振りかぶる。けがに苦しめられた腕を懸命に振って投じた1球は、118キロのストレートだった。でもこの際、球速なんて関係ない。投げてくれるだけでいい。

3ボール1ストライクから投じた最後のボールは大きく外れ、四球。悔しそうな表情は全盛期のそれと変わらない。それでもチームメイトが駆け付けると、ほっとしたような笑顔に変わった。

　放送時間が迫っている。

　急いで局に戻り、さまざまな準備を整えて本番に臨んだ。自分が取材したVTR素材がしっかりと編集されてトップを飾っていた。その完成版VTRを本番のスタジオで見ながら、僕は若いディレクターが新橋までインタビューを撮りに向かった意味が分かった。そこには勤め帰りのサラリーマンが語る映像があった。

「37歳なんですが、松坂が甲子園で投げている姿を見てすごく感化された世代です。松坂世代ってすごい。自分がああなれるかというより、彼らの姿を見て、すごい選手じゃなくても社会でがんばろうと思える力はもらった。松坂は僕らのヒーロー。彼が引退しようがずっとヒーローです」

　ディレクターは「松坂世代」の意味を知りたかったのだと思った。記録だけでなく、何度も記憶に残るシーンを刻んだ松坂は、同学年の人たちの誇りだろう。「オレ、松坂世代なんだ」と誇らしく語る人は、野球好きもそうでない人も多い。松坂世代の人口たるや膨大なものだ。

　サラリーマン氏が語るとおり、そうした誇りは少し下の世代にもジワリと広がり、生きる力となっていた。いや、松坂世代の親の世代も子どもの世代も、松坂というヒーローの姿を心の糧《かて》にしている人は少なくないはずだ。

それだけの人たちが心を揺さぶられる松坂の最後のマウンドは、時代を画すシーンでもある。衆院選公示という一大事を二番手に置いてでも、番組のトップを飾る理由はあったと思う。

トップニュースが衆院選公示でなかったことにやさしく苦言を呈してくれた先輩に、僕は松坂引退登板のニュースが持つ意味を電話で力説した。うまく伝えられたかどうかは分からないが、本当に心やさしいわが先輩は、「うん、気持ちは分かっている。これからも応援しているよ」と激励してくれた。そしていつもどおり、なごやかに会話は終了した。

すっきりした気持ちで散歩に出た。秋晴れにセイタカアワダチソウが映えていた。

中くらいなり【2021年11月1日】

めでたさも　中くらいなり　おらが春（小林一茶）

いきなり江戸時代の名句を紹介したのは、「オレは文学に詳しいんだぜ」とひそかに自慢したかったわけではない。実際、大学時代は文学部の国文学科だったのに野球ばかりしてゼミにもろくすっぽ出なかった僕が、俳句を語る資格などないのだが、開票作業が進む中での岸田首相の表情を見て思い浮かんだのがこの句だった。

実は、番組の中で紹介しようかと思ったのだが、踏みとどまってよかった。頭に浮かんだのは「よろこびも　中くらいなり　おらが春」という言葉で、とっさのことで「めでたさも」の部分を間違っている。すんでのところで無教養がバレずにすんだ。

きのう（10月31日）投開票が行われた衆議院選挙。正直に言うとこの選挙、誰が勝者で誰が敗者なのか、うまく整理できない。結果がぼんやりしたまま宙に浮かんでいるのだ。

開票が進みつつあった夜10時前、岸田首相が自民党本部に姿を見せた。候補者の一覧が記された大きなボードの前に立ち、当選が決まった候補者の名前にバラをつけていく。おなじみの光景。特別番組「選挙ステーション」でその映像を紹介しながら、「あまり笑顔がないな」と思った。「いや、本当は自民党が順調に議席を伸ばしそうで嬉しいのに、わざと引き締めているのかな」とも思った。

というわけで、岸田首相との中継インタビューがつながると最初の質問で、「バラをつけながらあまり笑顔がなかったようですが」と質問を振ってみた。「いや、そんなことありませんよ。当選が決まった人の名前にバラをつけるわけですから嬉しいに決まっています」との答え。深読みしすぎたかな。

しかし考えてみれば、この段階での岸田さんにとって、喜ぶにも悲しむにも早すぎるのは自然なことだ。投票が締め切られてからまだ2時間。今は報道各社の出口調査の精度が高くなっているから、与党である自民党と公明党の獲得議席が全議席の過半数である233議席を超えることは見えていた。首相が掲げた勝敗ラインをクリアしたことになる。自民党単独でも過半数を取ることはほぼ確実と言えた。

だが、開票はまだ始まったばかりであり、接戦となっている選挙区は多い。岸田さんとしては確定的なことを言えるはずもない。

しかし、ここだけはきっぱり言った。「政権選択の選挙ですから、与党で過半数をいただければ、国民に信任をいただいたものと考えております」。引き続き責任を持って政権を担っていくという覚悟の表明である。

4時間に及んだ「選挙ステーション」は日付が変わるところで第一部が終了。僕はとりあえずお役御免となった。出口調査による当初の予測通り、自民党は単独過半数を超えようとしている。一方、共産党などと協力して野党候補の一本化を図り、政権交代の選択肢を示したかった立憲民主党は伸び悩んでいた。

スタジオを出てドーランを落とし、スーツから普段着に着替えて近くのビジネスホテルに宿をとった僕は、その後もホテルの部屋で開票速報番組に見入った。

自民党の甘利幹事長が小選挙区で敗北した。これは党の屋台骨を揺るがす出来事である。そして開票速報というものは、見る側にとっては日付をまたいだこのあたりからが興味深い。小選挙区で敗れた候補が、比例代表で復活するのかしないのか、小選挙区比例代表並立制という複雑な選挙制度のなせるドラマ。開票最終盤で息を吹き返す候補者、消沈する候補者。悲喜こもごもである。

甘利幹事長は惜敗率が上位だったおかげで、比例代表で復活当選した。しかし、選挙を主導する責任者にはふさわしくないということだろう、甘利氏が幹事長職を退く意向を固めたという速報が流れた。

このあたりで寝てしまった。

結果は自民党が選挙前から15議席減らして２６１議席。政権交代を掲げた立憲民主党は14議席減らして96議席。自民・立憲両党に飽き足らない層の受け皿となったのは日本維新の会で、選挙前の４倍近い41議席を獲得した。

維新には大きな風が吹いたが、与党の自民党、野党第１党の立憲民主党はいずれも議席を減らした。

翌朝の朝刊は、「自民　単独過半数」とでかでかと見出しを掲げているものもあれば「自民伸びず　過半数は維持」と抑え気味のところもある。「立憲惨敗」という厳しい見出しと「立憲後退」と淡々とした見出しもある。

誰が勝者で誰が敗者なのか。立憲が振るわなかったのは確かだが、夜が明けて朝になっても、結果をどう評価すべきかは相変わらずぼんやりしたままだ。

あら何ともなや　昨日は過ぎて　河豚汁（松尾芭蕉）

大学時代、ほとんど講義に出なかった国文学科劣等生の僕だが、この句はよく覚えている。河豚汁は「ふくとじる」と読む。芭蕉は晩年の「奥の細道」に代表される「わびさび」の境地に入る以前、日常生活の中の滑稽さなどを五七五にまとめた俳諧の詠み手でもあった。

きのう、毒があるフグをおっかなびっくり食べたが、きょうになってみたら全然何ともないことであるよ、くらいの意味である。

選挙を終えたきょう、少しそんな気分になる。だが、よくよく考えると、きのうの衆議院選挙をこの句に重ねるのは早計かもしれない。

新型コロナで傷ついた人たちは、今回どのような思いを込めて投票所に足を運んだのだろう。地球温暖化が進んで地球が悲鳴を上げる中、この上なく不透明な未来を生きていく若い人たちは政治にどのような期待をかけたのだろう。かけがえのない一票には、それぞれの重い意味がある。

自民・公明を与党とする日本政治の構造自体は変わらなくても、政策の中身は時代とともにアップデートしてもらわなければ困る。政治が努力を怠っていないか、厳しく見極めていくのが私たちの仕事である。

もう若くないからか、早く目が覚める。朝起きて、ここまでつたない文章をつづってまだ午前9時過ぎだ。きょうは遅めの出勤だから時間はたっぷりある。

散歩に出よう。六本木から芝の増上寺あたりに出て、東京タワーでも見上げてこよう。

キャスターの仕事【2021年11月13日】

秋色が濃くなった都内を散歩しながら、くよくよと考えごとをしていた。

11月9日、作家の瀬戸内寂聴《じゃくちょう》さんが亡くなった。11日昼に一報が入り、その夜の報道ステーションではトップニュースとして扱った。

壮絶な恋愛に生きた稀代《きたい》の作家である。51歳で出家してからは、振れ幅の大きな人生経験に裏打ちされた深く人情味あふれる法話で、悩める人々の心を救った。親交の深かった黒柳徹子さんは「みんなの味方が、亡くなった」と追悼のコメントを寄せた。

トップニュースのスタジオ冒頭で、キャスターとしての僕は何を述べるべきか。

ニュース用語で「リード」、報ステのスタッフの間ではVTRの「前振り」とも言われる部分だ。僕はおそらく報ステのチーム最年長でもある。「きっと、あなた自身の寂聴像というものがあるでしょう。視聴者の心に刺さる前振りを頼みますよ」という、若いスタッフからの無言のプレッシャーがかかる（と勝手に感じる）。

そこで僕が発したコメントはこうである。

「こんばんは。報道ステーションです。男女の情愛を赤裸々につづった小説を世に出す一方、僧侶として、悩みを抱えた数多くの人々に向き合い続けた瀬戸内寂聴さんが亡くなりました。99歳でした」

翌日、散歩をしながらよくよく考えごとをしたのは、寂聴さんの死が悲しかったからだけではない。そのニュースの冒頭を飾る自分のコメントが、いかにも「可もなく不可もない」ものだったと後悔したからだ。しかもちょっとかんでしまった。

何度振り返ってみても、オリジナリティのないコメントだと思う。新聞社の腕利きの文化部記者が書く、重厚で流れるようなリードには及ばない。

ではどうすればよかったのだろう。

実は5年以上前、ある人を介し、一度だけ寂聴さんと食事をご一緒したことがあった。プライベートな席ではあったが、テレビで拝見する姿そのままだった。コロコロとよく笑い、軽妙でやや早口なおしゃべりにどんどん引き込まれる。当時の日本政治への辛辣な批評も刺激的だった。

90歳を超えた寂聴さん。なんとチャーミングな人だろうと感銘を受けた。

散歩しながら、前の晩のことをあれこれ考える。スタジオ冒頭のコメントはこういうふうにもできたのではないか。

つまり、最初に「実際にお会いした寂聴さんは、とてもチャーミングな方でした」と一言触れる。続いて「男女の情愛を赤裸々に云々」という言葉を続ければよかったのではないか。実際に彼女に会ったことのあるキャスターだから言えるコメントとして、一味違うものになっていたかもしれない。

いや待てよ、それはニュースを私物化したかのような印象を与えないか。寂聴さん死去という厳粛なニュースに対して失礼になるのでは……。

実は、この日の昼過ぎに寂聴さんが亡くなったという一報が入ってから、番組でどう伝えるかで頭がいっぱいになっていた。「前振り」のコメントのみならず、VTRを受けて短くコメントする「後受け」をどうするかについてもだ。

僕の寂聴さんに関する知識は、一度食事をしたという幸運を除けばごく平凡だ。何作かの小説を読み、テレビのドキュメンタリーを見た。そんな僕が大事なニュースの枠を作るコメントをするわけだから。

慌てて寂聴さんの小説を取り寄せ、代表作『夏の終り』の文庫本を読み始めた。表題作を含む短編集。この分量なら、打ち合わせを挟みながらも放送本番までに読めると踏んだ。実際、物語に引き込まれて一気に読み終えた。寂聴さんに対して平均的な知識しか持たない僕が、キャスターとして訃報を伝えるための最低限のマナーではあった。

放送本番の「後受け」では、読み終えたばかりの『夏の終り』の感想を伝え、この項目を締めくくった。

訃報を伝えるのは難しい。

ひとりの人間の生涯をまとめ、評価を交えて伝えようとすること自体、そもそも罪深い。スタジオで短くコメントする僕はまだしも、関連するＶＴＲ資料を探し、編集してニュース本編として伝えるスタッフたちの責任の重さたるや、想像に余る。

報道ステーションでは、番組本番の最後に、相方の小木逸平・渡辺瑠海《るみ》両アナウンサーとの数十秒間のフリートークの時間がある。この日は自然な流れで寂聴さんの話になった。

食事を共にしたこと。実にチャーミングな女性であったこと。チャーミングという言葉を２回も使って、結局、僕は私的な経験を紹介した。

翌日、くよくよと考えごとをしながら散歩をしていた僕は、「まあ、それでよしとするか」と納得するようになっていた。

寂聴さん死去というトップニュースを伝えるにあたり、視聴者に対して奇をてらわない「前振り」で入り、じっくりとVTRを見てもらい、死去の報に接して著作を読み直したというファクト（事実）で「後受け」をする。ややあって、番組の最後で個人的な体験を控えめに語る。キャスターの仕事として、万全ではないにせよ、その日の流れとしてはまあまあだと思うことにした。

神宮外苑はイチョウが色づき始め、行き交《か》う人がしきりにカメラを向けていた。自分もそのひとりである。秋の日差しはどこまでも穏やかだ。

瀬戸内寂聴さん。安らかにお眠りください。

テレビとは出会いだ【2021年11月20日】

あえて言おう。

僕はテレビ番組の録画はしない主義だ。「記録」より「記憶」を大事にする主義と言い換えてもいい。

テレビとは出会いだと思っている。ニュースなどの生放送はもちろん、収録されたドラマやバラエティだって、初めて視聴者の目に触れるとき、つまり放送のその日そのときに出会うのが一番である。

え？　録画しないというより、できないんじゃないかって？

そんなはずはない。僕だってテレビ業界の人間である。いくら機械が苦手だからといって、録画の仕方が分からないなんてことはない。ないはずだ。やればできるはずなのだが、やらないだけである！

同時間帯に見たい番組が複数あるとき、仕事の都合で好きなドラマを見ることができないとき。多くの人は録画という行動をとる（当たり前だ）。今はネットの見逃し配信のサービスも充実しているので、そちらを使う人も多いだろう。

だが、人生は一期一会と言うではないか。

番組の放送時間に見ることができなければ、それはご縁がなかったということなのだ。その方が潔いし、どこか哲学的な香りがする。


先日、ありがたいことに長寿番組の「徹子の部屋」に呼んでもらった。友人からはヒューヒューと持ち上げられ、僕も有頂天になった。番組サイドから家族の写真を紹介したいと求められ、妻は「恥ずかしいわ」とか一応遠慮するふりをしながらも結婚式のときのスナップ写真を示し、「使うならこれを……」ですと。お気に入りの一枚らしい。


収録は順調に進んだ。

インタビュアーとしての黒柳徹子さんは、入念に準備をされる方だった。僕についての基礎情報はほぼ頭の中に入っていたと見える。その上で、機関銃のように質問を放つ。

「学生のころ野球をやっていらしたそうですね。どんな係をされていたんですか」という質問には「係？」と一瞬ひるんだが、「ピッチャーという係をやっておりました」と笑顔で返し、微妙な間をしのいだ。

何か家族の記念の品をということで、野球少年だった3人の息子が、野球オヤジである僕にプレゼントしてくれたネーム入りのグローブを持っていった。「あらまあ、ステキなご家族ね」と徹子さんは言ってくれた。わが家族もこれまでいろいろなことがあったが、ここは徹子さんのおほめの言葉に甘えよう。

徹子さんのペースに引っ張られながら、こちらは身ぐるみはがされていくような思いである。すごいインタビュアーだ。

収録の最後に、ひとつこちらから質問をさせてもらった。「長い間インタビュアーを務めてきた中で、大事にしていらっしゃったことは何ですか」

徹子さんはしばし考え、「相手を尊敬することですね。だから、インタビュー相手が個人的に親しい人でも必ず敬語を使うようにしています」と言う。なるほど、と思った。番組に妙な馴《な》れのようなものがなく、品位を保ちながら長続きしている秘訣だろう。

放送は11月15日の月曜日と決まった。嬉し恥ずかしの気分である。

番組は午後1時からだ。楽しみだなあと思ったその瞬間、その日は知人とのランチの約束があることを思い出した。あちゃー。会食相手は多忙な人であり、仕事にも絡むのでこの日は外せない。「徹子の部屋」の放送を見ることとは残念ながら両立できない。

しかし、テレビは出会いだという意固地な信念を持つ僕は、自宅で録画するという発想がない。番組の中身はインタビューを受けた僕自身よく分かっているのだが、やはりオンエア版を見てみたい。とはいえ、それがかなわないのだからいつものように諦めればいいのだ。それが僕の哲学なのだから。

放送された日、帰宅すると、妻が「いろんなところから連絡が来て大変よ」とはしゃいでいた。「結婚式のときの写真、きれいだったわよ」とかお世辞を言ってくれる友だちもいたらしく、「もう、いやねえ」とか言いながら、明らかにテンションが上がっている。

やはり記念として録画があるといいなあ、とそのとき思った。僕に輪をかけて機械に弱い妻が、ほこりをかぶったビデオデッキで録画をしたとも思えない。

すると思いがけず妻は言った。「録画したから後でまた見よっと」

「えっ？　録画、したの？」

「したよ」と妻。

「できたの？」

「したよ、ふつうに」

こともなげに妻は言った。なんと、僕はテクノロジーの分野で妻に後れを取ってしまった。テクノロジーというのも大げさだが。

その瞬間、「テレビは出会いだ」という僕の哲学はガラガラと崩れ去った。

これからはちゃんと取り扱い説明書を見て録画するようにしよう。ネットの見逃し配信も使うようにしよう。なんだ、たったそれだけのことじゃないか。

しかしそれでも、と僕は思う。

テレビというのはありがたいもので、ただぼんやりとチャンネル操作をするだけで、好きな番組と出会うことができる。ネットはどんどん自分で情報を探しに行くメディアとも言えるが、テレビはある意味受け身でかまわない。受け身でいながら、ときに、生涯忘れられない記憶を僕たちの脳裏に刻んでくれる。そんなテレビが僕は大好きだ。

「テレビは出会いだ」という哲学はかなり崩れ去ったが、土台は残っている。やはり録画という作業には縁遠い日が続きそうだ。

挑戦するということ【2021年12月5日】

松岡修造さんという多才な人の持ち味のひとつは、相手の心を開くことのできるやさしさと生真面目さだと思う。報道ステーションのスポーツコーナーでは、その修造さんが行うインタビュー企画が僕の楽しみになっている。

11月29日に放送された、男子バスケットボール日本代表のトム・ホーバスヘッドコーチ（54）のインタビューはとても刺激的だった。今夏の東京オリンピックで、女子の日本代表を銀メダルに導いた名将がホーバスさんだ。ご記憶の方も多いだろう。

ふたりのトークは冒頭から盛り上がっていた。

ホーバスさんの日本語はとても上手だ。しかし語学力以上に、伝えたいという強い気持ちが言葉に乗り移り、豊かな表情とともに思いがビシビシ伝わってくる。それを引き出しているのが、修造さんの絶妙なリアクションと的確な問いかけだ。なにより、アスリート同士という連帯感が、本音を語りたくなる空気を作り出す。修造さんならではのインタビューだ。

なぜ女子代表を銀メダルという高みに導くことができたのか。それは3ポイントシュートにあった。体格で劣る日本代表が世界を相手に勝ち抜くための最大の武器。チャンスが来たら必ず3ポイントシュートを放つべしと指導した。挑戦を怠ってはいけないと。

だが最初のころは徹底しなかった。調子が悪い選手はシュートを遠慮してほかの選手にパスをする。それをホーバスさんは厳しくたしなめたという。「打たないのはワガママ！」

聞き手の修造さんが絶句した。「えっ……」

まるでそれまでの価値観がコペルニクス的に転回してしまったとでもいうように、修造さんがホーバスさんを見つめる。その修造さんの一瞬の絶句は、「視聴者の皆さん、この発言こそ肝ですよ！」と促しているようでもある。そして修造さんの狙い通り、見ているこちらも強く共感する。

いわゆる日本人らしさとは真逆の発想なのだ。日本人ならたぶん、自分の調子が今ひとつなら調子のよいほかの選手にパスを回すことを良しとする。自分の手柄ではなくても、それがチームのためだと考える。しかしホーバスさんはそれを「ワガママ」と切って捨てた。調子が悪いからと言って役割を放棄することこそ「ワガママ」なのだと。

そのホーバスさん、オリンピック後は男子代表のヘッドコーチに就いた。「ビッグチャレンジですね。男子が僕の気持ちをブロックするか、ウェルカムするか、「どっちかな」と不敵な笑みを浮かべ、VTRは終わった。見る者に多くの気づきと考えるヒントを与えてくれる、修造さん会心のインタビューだった。

大いに刺激を受けた僕は、翌日から自分の態度や行動をいろいろ見直すことになった。まずはキャスターとしての自分について。

報道ステーションという看板番組のキャスターの座に、地味な自分が果たしてふさわしいのだろうか、などと遠慮がちに考えることがしばしばあった。

勝手に恐縮してもいた。スタイリストもメークアップ・アーティストも、その道の一流のスペシャリストがついていてくれている。こんな冴えないおっさんでは、コーディネートのやり甲斐もないのでは、などと申し訳なく思っていた。

だが、ホーバスさんに言わせれば、それこそ「ワガママ」なのである。役割を与えられてそこにいるのに、ビビッて引っ込み思案のままではチームにとってマイナスでしかない。

だから本番前に衣装を着替え、メークをするときには、合戦に向かう武将の心意気をイメージするようにした。将たるものにふさわしい身なりを整えるのだ。何も遠慮する必要はない。堂々とした佇まいで、スタイリストやメークさんの仕事ぶりに応えようと腹をくくった。

どうでしょう？　最近のスタジオでの立ち居振る舞い、我ながら立派なものではありませんか（あくまで個人的見解です）。

12月2日の木曜日には、野球の日本代表・侍ジャパンの監督就任が決まった栗山英樹さんがスタジオに来てくれることになった。松岡修造さんのような、鋭く、華のあるインタビューを展開したい。

栗山さんと僕は重なるところもあった。同い年だし、違うリーグながら同じ時期に大学野球で汗を流した関係でもある。プロ野球を引退後、栗山さんは日本ハムの監督に就任する前、スポーツキャスター・コメンテーターとして活躍した。報道ステーションのスタジオもまさに彼の主戦場だった。僕にとってはいわばその道の先輩でもある。

生放送のインタビュー本番。「代表監督就任おめでとうございます。と同時に、報道ステーションにお帰りなさい！」と、まずは余裕しゃくしゃくでスタートした。

「実は栗山さんと私は同じ時期に大学野球を通じて知り合いで……」などと自慢げに話を振ったのだが、そこで場面は反転する。「大越さんの方がジャパンのことには詳しいじゃないですか、教えてくださいよ」と栗山さんがニヤリとしながら逆に仕掛けてきた。

１９８３年の日米大学野球の日本代表選考会。お互いに代表候補としてグラウンドに立ったことがある。栗山さんは超のつく強打者が揃う外野手の枠で惜しくも選に漏れたが、僕は投手として代表の末端に名を連ねることになった。栗山さんはそれを念頭に僕に話を振ったのである。

修造さんのように上手に話を引き出すどころか、逆質問されてすっかりうろたえてしまった。

「いやあ、私の場合は代表と言っても1試合しか出場しなかったし……」などとしどろもどろになってしまった。栗山さんは「日本代表に選ばれたなんてすごいですよ」などとさらに僕を持ち上げ、その時点でトークはすっかり栗山さんのペースである。

つまり、僕なんかより、栗山さんの方がテレビというものをよく知っている。

スタジオをのっけから自分のものにしてしまうと、代表監督就任の重み、子どもたちに伝えたい野球の魅力、2023年のWBC（ワールド・ベースボール・クラシック）への決意を熱く語った。その熱さに打たれ、話に引き込まれるうちにあっという間に時間が来てしまった。

修造さん並みの秀逸なインタビュアーとはいかなかった。

だが、こちらが時間を忘れて面白かったのだから、視聴者もきっと耳を傾けてくれただろう。栗山さんの話はそれほど魅力的だった。だから、結果オーライである。

番組視聴率を見てみると……いい数字であった。なおのこと、よかった。

キャスターとしての僕には、まだまだ挑戦の余地がたくさん残されている。それはとても幸せなことだと思う。

初老のキャスター、いまだ進化の途中である。

混じり合う思い【2021年12月11日】

人が人の命を奪うことがあってはならない。だから戦争はあってはならないし、戦争を引き起こさないための外交が大事だ。だが、戦争を否定することで、戦地に赴いた職業軍人の使命感まで否定していいはずもない。

吉岡政光さん、103歳。80年前の1941年12月8日、太平洋戦争の火ぶたを切った旧日本軍による真珠湾攻撃に出撃したひとりである。その吉岡さんへのインタビューが実現した。

海軍の航空兵だった吉岡さんは「選ばれし人」だ。選抜のための何回もの試験を経て、空母「蒼龍《そうりゅう》」の艦載機・九七式艦上攻撃機に搭乗することとなった。九七艦攻は縦1列の3人乗り。偵察員として真ん中に座る吉岡さんは、高度を読み、針路を計測したりするほか、機体から魚雷を投下する役割を担った。

真珠湾での作戦は知らされていなかった。大分の佐伯《さいき》湾で、深さ約10メートルの海に低空から魚雷を投下する浅海面襲撃訓練を繰り返していた。思い起こせばそれは、水深が浅い真珠湾を想定してのことだった。

吉岡さんたちに何も知らされないまま、「蒼龍」は11月、佐伯湾を出港。艦内に張り巡らされたパイプ類にはすべて石綿が巻かれていた。寒いところに行くのだとは分かったが、半ズボンの夏服を積み込んだという話もあり、吉岡さんは「じゃあ、あったかい所に行くんじゃないか」とも思った。いずれにせよ「たぶん戦争に行く」とは感じていたという。


ハワイへの奇襲作戦が告げられたのは、数日後、千島列島の択捉《えとろふ》島・単冠《ひとかっぷ》湾上だった。「蒼龍」を含む機動艦隊を率いる南雲忠一《なぐもちゅういち》中将の訓示には、「十年兵を養うはただ一日これを用いんがため」とあった。自分たちが糧食を与えられ、訓練を受けてきたのはこの決戦の1日のためにあるというのだ。

吉岡さんはこのときのことを振り返って言った。

「私は頭の血がサーっとデッキに吸い込まれるような感じでした。難しい文章でしたけれどもちゃんと意味が分かりました。ハワイで死ぬってことなんだよなと」


部隊は南下。そして作戦決行の日は来た。吉岡さんらは、真珠湾に浮かぶフォード島に集結したアメリカ艦船を雷撃するため、「蒼龍」から九七式艦攻で飛び立った。およそ3トンの機体に800キロの魚雷を括り付けてある。

「魚雷が重いものですから、母艦を離れるときにいったん飛行機が落ちる。そのときに下からかかる風圧で機体が上がっていく」。リアルな体感を吉岡さんはきのうのことのように覚えていた。

先発機の攻撃によってすでにもうもうと上がる黒煙の中で、艦船のマストを視認した。コロラド級戦艦だと思った。だが戦艦にしては小型だとも思った。「あれ、おかしいなと思っているときに『ヨーイ、テッ（撃て）！』と合図があった。魚雷を落下すると、その証拠に飛行機がふわっと浮き上がりました」

しかし、狙った船には砲身がないことにその後、気づいたという。想定していたコロラド級戦艦ではなく、もっぱら訓練用に使われる標的艦「ユタ」だった。沈めたとしても戦果は小さいため、事前に攻撃対象からは外すように言われていた艦船だった。

「がっかりしました」と吉岡さん。

しかし、「（ユタは）アメリカ艦隊付属のなくてはならないもの。魚雷が命中してマストがゆっくりと倒れ、もう間違いなく倒れたということを確認すると、それまでは後ろを向いていたが、もうこれでいいと思って前を向きました」

「ちゃんと魚雷が当たっていますので喜びの方が60%、（狙った船に）当たらなかったことが40%。やっぱり少し良かったと思っています」

その後も吉岡さんは南太平洋などを転戦した。吉岡さんが空母「蒼龍」の配属を離れたのちの翌1942年6月、その「蒼龍」はミッドウェー海戦で撃沈された。吉岡さんは日本軍の限界を感じていた。

「ミッドウェー以降は『日本、勝てるのかな』という気持ちがありました。その後は飛行機も故障が多く、なかなか数もそろわない。古い飛行機を使いながら、ろくに訓練していない人が乗る。誰も口に出して言いませんけれども、勝てるとは思わなかった」

終戦は、そのとき所属していた茨城県の海軍航空隊で迎えた。戦後、海上自衛隊や民間企業に勤務したが、自らの戦争経験を語ることはほとんどなかった。

「あまりしゃべりたくなかった。最近になって、こういうことを話す人が非常に少なくなったことに気づきました。戦死した人の慰霊にもなるだろうと」

戦争のむごさを、今誰よりも知る103歳である。

「(戦争は)一番残酷な殺し方。ちゃんと外交をやって戦争を止めなければ、と思います」と語る。

真珠湾でのアメリカ側の死者・行方不明者は2400人以上。吉岡さんが魚雷を命中させた標的艦「ユタ」は、今も54人が艦内に眠る「戦没者墓地」として真珠湾に遺されている。

吉岡さんは真珠湾攻撃以降、ハワイに行ったことはない。行くのを拒み続けてきた。

「どう考えても一番大切なものは人間の命。人間があそこにはいた。それを考えると、どうしてもハワイには行けない」

一方で、吉岡さんは自分に折り合いをつけるように言葉をつないだ。

「一度でも人を殺すとは思わなかった。（私に対する）命令は、軍艦をやれ、工廠《こうしょう》をやれというもの。人間をやれという命令を受けたことはないんです。責任逃れではありませんが、そこに人がいるってことを考えたら爆撃できない」

自分は結果的には人の命を奪ったが、人の命を奪おうとしたのではなく、艦船などの「モノ」を破壊したのだ。吉岡さんは心の中の苦しい一線を行き来していた。

吉岡さんはとても聡明な方だった。記憶は詳細だし、言葉もよどみがない。

しかしその吉岡さんにして、戦争での任務に命を懸け、生き抜いた事実を総括するのは難しそうに見えた。真珠湾攻撃から80年、終戦から75年余りが経った今も、である。

戦争が人間にもたらすものは、それほど底が暗く、罪深い。

脱成長の社会学【2021年12月16日】

ありがたいことに、報道ステーションのディレクターたちが一緒に取材に行こうといろいろ誘ってくれるので、大喜びで現場に出向いている。この1週間ほどで全くジャンルの違う3件の現場を踏んだ。ところが、どの現場でも僕の頭の中には同じ文字がちらついていた。それは「脱」という文字だ。

「脱ぐ」のではなく「脱する」の方である。

この日の「脱」は、ベストセラー『人新世の「資本論」』の著者である経済思想家の斎藤幸平さんへのインタビューだ。人新世は、ひとしんせい、と読む。大阪市立大学大学院の准教授を務める斎藤幸平さんは、なんと僕の長男と同じ1987年生まれの若手である。キーワードは「脱成長」。その中身を僕なりにかいつまんで紹介したい。

18世紀の産業革命以降、人類の経済活動は、資本主義のもと短期間で爆発的に拡大してきた。その結果として、地球は「人新世」という地質学上の新しい年代、つまり「人間たちの活動の痕跡が、地球の表面を覆いつくした年代」に入った。

人新世は、環境危機に直結している。地球温暖化は、SDGs（持続可能な開発目標）の掛け声や、環境ビジネスへの産業転換だけでは止められない領域に入った。例えば、ガソリン車から電気自動車に切り替えるのは確かに効果があるが、だがその分、リチウムなどの鉱物資源の奪い合いとなり、産地である途上国からの収奪が加速する。しかも新産業への切り替えは新たなCO_2の排出を呼び込みさえする。成長とCO_2排出抑制を同時に進めるというのはしょせん夢物語……。

人類の行く手には絶望しか待っていないのか。希望を見出すにはどのような処方箋が求められるのか。インタビューで斎藤さんが強調したのが「脱成長」なのである。

資本主義のもとでは、経済は成長するもの、させるものという前提で社会が回ってきた。「分配」を掲げて登場した岸田首相も、「成長と分配の好循環」という言い方に比重を置き始めている。分配を大きくするには成長のパイを大きくする方がいい、という理屈だ。

しかし、その考えを斎藤さんは覆す。

「経済成長して全体のパイを大きくしたところで、一部の人たちが持って行っちゃうんだったら意味がないですよね。むしろ、今あるパイは十分、すでにあるんじゃないか。私たちが貧しく、日々の生活が苦しいのは、十分にモノがないからではなく、一部の人たちが多く取りすぎているからじゃないですか」

なるほど、斎藤さんの論理はシンプルである。

一部に偏った富を、貧しい人たちへと移し替えることができれば、無理に経済成長をしなくても格差は解消される。成長につきもののCO_2の排出も抑えられ、それだけ気候危機を回避する可能性も高まる、というわけだ。

しかしなあ、と考えながら、ふと政治記者時代に取材でお世話になった梶山静六元官房長官（故人）が言っていたことを思い出した。もう25年くらい前になるか。

梶山さんは、与党である自民党と野党の社会党（当時）の役割を、「造山運動と水平運動」と表現した。高い山を造る政策（経済成長）は自民党が主に担ってきたが、それを水平にならす作業（分配）は社会党が本家だというのだ。その上で「自民党っていうのは、3分の1は社会党なんだよ」と梶山さんは続けた。自民党は社会党の政策をほどよく取り入れて政権運営をしてきたという意味である。

味がある言い方だが、このときもやはり政策の底流にあったのは「成長と分配」の循環だ。

成長を求めず、分配だけをシステム化する。そんなことは可能なのか。

「競い合い、よりお金を儲けようとするのが人間の本性からきているとすれば、それと違うことをしようとしても難しいのでは？」

斎藤さんはコモンという言葉を用いて、「みんなが必要とするもの、例えば水や電気、インターネット、医療、介護といったものを共有財産である『コモン』としてみんなで管理をしていく」社会を目指すべきだと語った。

これはかつて旧ソ連など共産主義国家がとろうとして失敗した社会体制と近いようにも見える。しかし斎藤さんは、それらとは違う「市民が自分たちで管理していくような参加型の社会主義」だと言う。

斎藤さんは「資本論」で知られるカール・マルクスの再研究を通じて、そうしたあり方を提言するに至った。詳しくは斎藤さんの著書をご覧あれ。


この提言にどこまで賛成するかは別として、従来の、成長ありきの経済社会はもう限界にきているという指摘は大いにうなずけるところだ。

「成長にとらわれないところに、実は本当の豊かさがあるということでしょうか？」

「本当の、というのは分かりませんが、少なくとも今の豊かさと違う豊かさが存在するのに、なぜ経済成長という豊かさだけをこれほど重視する社会になってしまっているのか。人々が幸せに感じたり、人々が別の意味での豊かさを感じる可能性があるのだったら、その方が『良い道』ではないのかということは言えると思います」

斎藤さんの話は私たちの常識を揺さぶる。揺さぶるだけの理由がある。

地球という天体はすでに悲鳴を上げている。「脱成長」という言葉が説得力を持つのは、生き物としての人間の「本性」が警告を鳴らしているからなのだ。

第2章

戦争と日常

2022年1月〜6月

正しくおそれる【2022年1月9日】

それにしてもモヤモヤする。

いったいこのオミクロン株とは何者だ。株価が上がれば喜ぶ人もいるが、この株が広がって喜ぶ人はいない。しかも独特の感覚を覚える。コロナ禍に見舞われてこの方、恐怖や不安やつかの間の安堵を感じることはあったが、この何とも言えぬモヤモヤ感は初めてだ。

それは多分に、この妙な名前の株が持つ特徴にある。感染力はこれまでの中で飛びぬけて強い。だから感染者数の伸び方を見ると度肝を抜かれる。しかし、重症度は低いとされる。実際に全国のデータを見ても、感染者が急増する一方で、亡くなったり重症となったりする人の数は多くはない。その2つの側面について、無意識にバランスを取ろうとして脳が忙しく働いてしまうのだろう。だから頭の中が慢性疲労に陥る。これがモヤモヤとなる。

重症化率がいくら低いと言っても、感染者の絶対数が増えれば、デルタ株のときと同じように、あるいはそれ以上に重症者が増え、病院は修羅場となる可能性がある。今は若い人の感染者が多いので軽症または無症状が多いが、これが高齢者へと広がればなおさらである。やっぱり油断はできない。
諸外国の例を見ても、とにかく規模感が違うのだ。
問題は医療現場にとどまらない。感染者数がとんでもなく増えるということは、重症には至らなくとも仕事を休まざるを得ない人が多数出てくるということになる。代わりがきく職場ならともかく、そうでないところは欠勤が増えることで業務がマヒする。医療や介護をはじめ、絶対に欠かすことのできない「エッセンシャル」な職場がマヒするということは、すなわち社会の基盤がどんと揺らぐことを意味する。普段通りの生活ができなくなることを意味する。実際、沖縄では医療従事者などが感染し、業務に支障が出始めている。そう考えると……それはモヤモヤを超えてやはり恐怖である。

だが、恐怖に至る前のモヤモヤの中で、以前のような行動の自粛が徹底されることはない。各地の成人式も、対策をとって予定通り行うところもあれば、慎重を期して中止するところもある。街の人流《じんりゅう》（という妙な言葉も市民権を得た）も、減ったと言えば減った感じもするが、目に見えて途絶えたわけではない。いや、途絶えればいいのかと聞かれれば、経済のことを考えるとそうは言えない。このあたりの表現の仕方ひとつとっても複雑で、モヤモヤする。

1月5日、帝国ホテルで経済3団体の共催による新年祝賀会が行われたので取材に出向いた。2年ぶりの開催である。祝賀会と言っても例年のにぎやかさはない。報道ステーションのインタビューに応じてくれた出席者のひとりが、サントリーホールディングスの新浪剛史《にいなみたけし》社長だ。

「どうにも不安な年明けですね」と問いかけると、

「そろそろいい加減にしなきゃ。日本は経済よりも安全安心に行きすぎの感じがあります」と、いきなり突っ込んだ答えが返ってきた。

「アメリカに行くと分かります。ただでさえ日本経済は3周、4周遅れている。何ごともやらない方がいいという発想がはびこっていたのが日本ですよ。コロナでそれがさらに悪い方向に行っている。コロナ対策をきちんとやりながら、経済がやれることはあるはずでしょう」とも強調した。新浪社長は政府の経済財政諮問会議の委員も務める気鋭の経営者である。

コロナによって人命が脅かされる。しかし、経済が回らなければその影響で同じように人の命は脅かされる。両立の解を見つけ出さなければならないのに日本はひたすら立ちすくんでいると言うのだ。新浪社長もまたモヤモヤしていた。


そんな気持ちで政府の対応を見てみると、これまたはてな、という点が少なくない。

岸田首相は「最悪の事態を想定」するとして、沖縄などへのまん延防止等重点措置の適用に踏み切った。各自治体の意向を尊重しながら政府として遅滞ない対応を示したと胸を張る。

しかし、そもそも頼みの綱だった3回目のワクチン接種はどうなっているのだろう。2回目の接種後、6か月で効果が薄らぐことが分かっていながら、3回目の接種はその8か月後に設定されていた。その2か月の差を埋めようと、医療従事者や高齢者施設などでの前倒し接種を進めているが、この感染増加のスピードには到底追いついていない。調達の困難など事情はあるのだろうが、オミクロン株が発見されて以来、早くから想定されていた事態だけに、政府の対応はやはり後手に回ったと言えるのではないか。

だいたい、政府は、先行する欧米などの諸外国の事例を収集し、最も多くの専門家の知見を集める立場にありながら、オミクロン株の「正しいおそれ方」について、ほとんどメッセージを発していない。そこに僕は一番のモヤモヤを感じるのだ。

ちなみに、長年使いなれたこのＷｏｒｄというワープロソフトは優れもので、「おそれる」と打って変換すると、「恐れる」「怖れる」「畏れる」「懼れる」と４つの候補が出てくる。ご丁寧なことにそれぞれ意味まで説明されていて、「恐れる」と「怖れる」「懼れる」はほぼ同じ意味ととれるが、「畏れる」となると「神の前にかしこまる」という意味が加わる。

最大公約数でいけば「恐れる」が一番よさそうだが、「おそれる」という文字の変換候補を考えるのもややこしい。そもそも、「正しくおそれる」って何だ？　政府に「正しいおそれ方」をはっきりしてほしいと求めることは、やはり無理筋ということか。

ああ、モヤモヤする。

でもあまりストレスを感じると免疫力が落ちそうだ。

本当に嫌なウイルスだ。

災害障害者を知っていますか?【2022年1月29日】

雪中四友《せっちゅうしゆう》という言葉を初めて聞いた。気象予報士の眞家《まいえ》泉さんによると、梅、水仙、山茶花《さざんか》、そして蠟梅《ろうばい》のことを指すそうだ。冬に花を咲かせ、古くから画題として好まれたという。

お気に入りの散歩コースで、雪中四友のひとつ、蠟梅の黄色い花を見つけた。うつむき加減に遠慮がちに咲く姿が可憐だ。黄色い花弁を揺らす冷たい風はまだ真冬のそれだが、甘い香りには豊かな生命力を感じさせる強さがある。ことしも変わらず春がやってくるのだと、確信させてくれる。

真冬にもかかわらず、そのときも咲いていた花はあったのかもしれない。

しかし、がれきが山をなし、あるいは炎が街を包んだ27年前の1月17日、阪神・淡路の一帯では花を思う余裕のある人などいなかっただろう。

あの震災では、災害関連死も含めて6434人が命を落とした。その事実はあまりにも重い。だがその重さゆえに、陰に隠れてしまった人たちがいる。震災によって重傷を負い、その後も障害を背負って生きてこなければならなかった「災害障害者」たちだ。
その「集い」を取材した。

「行政の怠慢でしょうか。それとも社会の盲点でしょうか？」

そう問うと、甲斐《かい》研太郎さん（73）は「どちらかと言うと盲点でしょうね」と淡々と答えた。甲斐さんは神戸市東灘区の自宅で妻と就寝中に被災した。「飛んできたタンスに両足首を挟まれて、そこに2階の部屋ごとドスンと落ちてきた」という。がれきの下から救援隊に助け出されるまで20時間余り。担ぎ込まれた病院は「ベトナム戦争の野戦病院みたいだった」と振り返る。

転院を経て退院まで11か月、骨折などの手術は計8回に及んだ。回復不能となった足の組織は背中から移植した。その医療技術を、甲斐さんは感謝の気持ちを込めて「整形（外科）のスピリッツ」と表現したが、今も跛行《はこう》（正常な歩行ができない状態）が残り、変形した足は既製品の靴に入らない。

少し想像すれば分かることなのだ。あれだけの災害があれば、多数の重傷者が出る。その傷がそのまま重い障害となって残る人も多い。それは残念ながら至極当然のことだ。なのに、行政をはじめ世間はあまりにも鈍感だった。われわれマスコミを含めて。

彼らの存在は決して盲点であってはならなかったのだ。

鈍感な世間に何とか風穴を開けようと奮闘してきたのが、牧秀一さん（71）だ。震災当時、大阪の定時制高校の数学教師だった牧さんは、避難所でボランティア活動にあたったことをきっかけに、被災者支援がライフワークとなった。神戸で「よろず相談室」というＮＰＯ法人を設立し、真新しい災害公営住宅で、コンクリートの厚い壁の内側で孤立してしまうお年寄りなどの支えとなってきた。

その牧さんにして、震災によって障害を負った人たちが置かれた孤独を知り、支援活動を始めたのは震災から10年余りが経ってからだった。牧さんは、集いの場を設けて障害者同士をつなぎ、悩みや苦しみを吐き出してもらう取り組みを始めた。そうしてあぶり出された要望を、行政側に伝えることに力を尽くした。

「彼らは『生きてるだけましやないか』と言われて、もう何も言えなくなる。震災で障害を負ったというのに、弱音を言えない。みんな孤立してしまうんです」

牧さんは災害障害者が置かれてきた境遇をそう説明した。

震災によって障害を負った人たちも、障害者手帳は支給されるし、一般的な福祉政策の対象とはなる。しかし、震災で障害を負った人たちの多くが、同時に家財を失い、場合によっては家族を失った多重被害者だ。それに見合った支援が必要なのだ。

せめて、行政はそうした人たちの実態を調査すべきだ。そして悩みを聞いて対処する相談窓口くらい設けてしかるべきだ。しかし、懸命に訴えてもそれすら遅々として進まない。神戸市や兵庫県といった自治体は要望に耳を傾けたが、国にはなかなか通じないと言う。牧さんはそれが無念でならない。

牧さんがとりわけ気にかけている人たちがいる。城戸《きど》美智子さん（69）、洋子さん（41）の母娘だ。娘の洋子さんは当時中学3年生。神戸市灘区の市営住宅で被災した。洋子さんは倒れてきたピアノの下敷きになった。なんとか救出され、母の美智子さんが必死で病院に付き添い、一命をとりとめたが、脳に重い障害が残った。美智子さんは行政の冷たさを嘆いた。

「私たちが忘れられた存在であるということを、声を大にして言いたいのです。障害を負って生きていかなければならない私たちに、なぜ相談窓口すらないのでしょうか」

洋子さんは今、作業所に通い、ピエロの姿で特別養護老人ホームなどを訪問する仕事をしている。障害者雇用の制度を使って数か所の企業実習を試みたがうまくいかなかった。娘の将来を考えると、母の美智子さんの不安は尽きない。

取材した「集い」の日、牧さんは障害を負った洋子さんの髪に、一筋の白いものを見つけた。

「あのとき中学生だった子が……。もうあれから27年が経つんですよ」

牧さんはつくづくやるせないといった表情で言った。

その牧さん自身、支援活動を「しんどい」と言う。悩み苦しむ人たちに寄り添うことは、それ自体がとても気力と体力を消耗する仕事だ。牧さんは昨年暮れ、自らが理事長を務めてきたＮＰＯ法人「よろず相談室」を解散し、一般のボランティア団体にダウンサイジングすることを決めた。

牧さんもまた、あれから27年という年齢を重ねていた。それでも、大学生など若い人たちが、引き続き支援の活動に当たってくれるのが心強いと言う。

時間の経過とともに記憶は薄れる。しかし、時間が経過しても癒やされない痛みや苦しみも存在する。私たちはそのことを決して見過ごしてはならない。盲点を盲点のままにすることは許されない。

阪神・淡路大震災の1月17日が過ぎて、東日本大震災の3月11日がやってくる。

蠟梅が咲き、次は梅が咲く。春を待つこの季節は、日本が災害大国であることを改めて心に刻み込む季節でもある。

浪花節でしか語れない【2022年2月6日】

出る杭は打たれる、とよく言う。

逆に、いっそのこと出すぎてしまえば打たれないのではないかと、僕は思うことがある。そういう人生に憧れるのだが、凡人なのでしょせん無理だろうと諦めてもいる。

石原慎太郎氏（享年89）は、その才覚と行動力で、始終波風を立て、スポットライトを浴びる人だった。

一橋大学在学中に発表した小説『太陽の季節』が一世を風靡《ふうび》したことは有名だ。訃報に接し、新潮文庫版を再読してみた。派手なスポーツカーが疾走するような小説だと感じた。暴力的なほど奔放だ。だが、過ぎていく景色はどぎついようでいて寒々しい。痛くて悲しい小説でもある。

文芸評論家の奥野健男氏による解説（昭和32年）には、戦後10年余りを経て消費社会の退廃を匂わせ始めた時代背景と絡めて、こう記されている。

「人々は漠然と、何かショッキングなものを待望していたのだ。『太陽の季節』は、その充分に用意された土壌に、おあつらえ向きに登場した。（中略）『太陽の季節』は、大人たちからは、ひんしゅくと好奇心で、同時代の青年たちからは、共感と羨望で迎えられた」

僕が初めて石原氏を見たのは、1989（平成元）年の自民党総裁選挙だった。NHK記者として、岡山から東京政治部に異動してきたばかりのときだ。政治とカネの問題で世間の不信を買っていた自民党は、最大派閥の竹下派がクリーンなイメージのある海部俊樹氏を擁立し、党への逆風をかわそうとしていた。

そこに敢然と挑むようにして立候補したのが当時、自民党の衆議院議員を務めていた石原氏だった。当時すでに「タカ派」の象徴的存在。しかし、両院議員総会で行われた投票の結果は、勝利した海部氏の279票に対して石原氏はわずか48票。派閥の論理が支配する自民党にあっては、ほぼ賑やかしに近い存在だったが、「出る杭」は、確かに目立っていた。

政治を長いこと取材してきたこともあって、石原氏死去の一報が入った直後、報道ステーションの担当デスクから「ゆかりの政治家で、誰かインタビューしたい人がいたら挙げてほしい」と問い合わせがあった。僕はすかさず野田佳彦元首相の名前を出した。

理由は尖閣《せんかく》諸島の国有化の騒動が強く印象に残っていたからだ。

中国が尖閣諸島の領有権を主張し、領海侵犯を繰り返していたことに対し、東京都知事だった石原氏は猛烈に憤っていた。そして、私有地だったこの地を東京都が買い取るべく行動に出た。港湾などの施設を建設し、日本の実効支配を明確にしようというものだった。

中国はこれに反発した。困ったのが当時の野田内閣だ。そして、おそらくはより穏便に事を収めようと、石原氏には前面からの退場を願い、島を「国有化」することを決めた。これに対し中国は、日本の足元を見るかのように反日の姿勢をさらにエスカレートさせ、中国各地でデモ隊が暴徒化した。

都知事でありながら「出る杭」となって日中関係を揺るがした石原氏の言動を、時の首相だった野田氏はどう振り返るのか。僕はそこに関心があった。

だがデスクの判断は、僕に「亀井静香氏にインタビューしてほしい」というものだった。なるほど、と思った。

のちに自民党の政調会長を務め、実力者にのし上がった亀井氏は、平成元年の自民党総裁選で石原氏の推薦人になった一人である。国を憂い、時流に逆らう気概を持つという点で共通していた。個人的な親交も深く、石原氏の盟友と言えた。

東京・四谷にある亀井氏の事務所。夕刻、石原家への弔問から帰ったその足で、亀井氏はインタビューに応じてくれた。政界引退からもうずいぶんと経つが、85歳となった亀井氏は、ベテラン記者にはおなじみのダミ声で、こう切り出した。

「いい顔をしていたよ。でもオレはさ、『バカヤロウ』って言ってやったんだ」

まだやりたいことはあったはずなのに、早すぎると言う。

「『太陽の季節』なんて変な小説書いてさ。それを言うと『お前に文学の何が分かる！』なんて本気で怒るんだよな」

老友の死を悼みつつ、浪花節でも聴かせるようにして亀井氏は語り続けた。

「彼にとっての政治とは、文人としての石原慎太郎の延長線上にある」


尖閣諸島問題をはじめ、石原氏がしばしば物議をかもした政治行動についても聞こうと思ったが、無粋なのでやめた。尖閣諸島が重要なテーマであることは論を俟《ま》たないが、それとて、考えてみれば石原氏の人生の中ではひとつのピースにすぎない。

そして、小説家である石原氏と、政治家としての石原氏を切り分けて考えるのも無理がある。亀井氏が絞り出してくれた最後の一言がすべてを言い表しているように思えた。


亀井氏のインタビューは、この日の報道ステーションで20分余りをかけて伝えた、石原氏死去のニュースの最後を飾った。

訃報をどう構成するかはいつも悩ましい。人生の歩みの中で、そのときそのときの言動を振り返ることはもちろん大事だが、それは人の一生を時間で輪切りする、いわば横糸の作業である。長い時間軸で彼の人生の歩みを知る縦糸が加われば、ニュースを立体的に伝えることができる。

その意味で、血気盛んな若手のころから石原氏を知る亀井氏のインタビューには、縦糸としての重みがあった。それは理屈ではなく、浪花節でしか語れない何かである。

石原慎太郎という人をどう評価するか。それは視聴者一人ひとりの判断だ。だが、出る杭は打たれても、出すぎる杭は打たれない。そんな生き方を貫いた人であることは間違いなさそうだ。

やはり、非凡な人である。

五輪を考える【2022年2月12日】

「人権」というものについて考えながら迎えたオリンピックだった。

北京オリンピックの開催国・中国について、新疆《しんきょう》ウイグル自治区などで人権侵害が行われているとして、アメリカをはじめ日本を含むいくつかの国が、開会式に当たっての閣僚級の派遣を見送った。いわゆる外交的ボイコットである。

オリンピックという大きな舞台で中国への打撃を狙ったという側面はあるだろう。一方で、オリンピックという場所がふさわしかったのかどうかは疑問が残る。

大会が進むにつれ、外交的ボイコットの印象が薄れていったのは否めない。やはり主役は選手たちなのだ。

最高の舞台に挑むアスリートたちに、人間の可能性と、筋書きのないドラマを連日、堪能させてもらっている。為政者たちが、仮に大会に政治的な意味を持たせようとしても、アスリートたちはそうした意図を軽く凌駕《りょうが》していくようだ。

開催国の中国にしても、外交にはチグハグさが残った。欧米などとの関係が冷え込む習近平政権は、ロシアとの接近を印象付けようと、大会の開会に合わせてプーチン大統領を招待し、首脳会談も行った。

でもちょっと待ってほしい。そもそもロシアは組織的なドーピングを行ったとして制裁措置を受けている立場であり、選手は個人資格での大会参加だ。気の毒なことに国旗も掲揚されないし、国歌も流れない。その国の元首が主賓級でやってきた。招く方も招かれる方も、どこかピントがずれていると感じてしまう。

スポーツと政治は無関係だ、などと言うつもりはないが、せめて政治が後ろに退いていられる環境になればいいのだが。とりわけ、オリンピックという人類の祭典の前では。

だが、そういうわけにもいかないのが国際社会の現実だ。

オリンピックの場では、国境を超えた人間の普遍性が強調されるのに対し、国家というレベルで人間を見ると、「異質であること」に目が行ってしまいがちだ。排除や征服の論理が先行すると、世界は剣呑《けんのん》になる。

ロシアはウクライナ侵攻の構えを強める。ロシアにとってウクライナは歴史的に「同じ」源流を持ち、「同じ」ソビエト連邦の一員だったのに、欧米に近づき、「異質」なものへと変わろうとしているように見える。だからそれを阻止したい。

中国は台湾に目を光らす。北京の政府にとって台湾はあくまでひとつの中国なのであり、「核心的利益」だ。台湾独立へとつながる動きは何としても阻止したい。香港の抑圧を見ても分かるように、自分たちの「一部」が異質な世界へと去っていくことは力に訴えても絶対に許さないというのだ。ざらつく刃は世界のあちこちに潜んでいる。

そう考えれば、かすんでしまった外交的ボイコットや、チグハグに見えた中ロ首脳会談も、やはり過小評価はできない。

実際、東西冷戦下の1980年モスクワオリンピックでは、外交的ボイコットどころか、日本を含む西側諸国が選手団の参加を見送った。絶対王者だった柔道の山下泰裕さん（現日本オリンピック委員会会長）たちの涙は忘れられない。政治の力の前にはスポーツが吹き飛んでしまうことがあるのは事実だ。

僕らは厳しい現実をしっかり見据えなければならない。同時に、スポーツが教えてくれる普遍的な価値を武器に、子や孫の世代にこの地球を引き継いでいく努力を並行して続けていかなければならない。

だからこそ、今、スポーツの価値に目を向けたい。

巷《ちまた》には、メディアはオリンピックを騒ぎすぎだという声もある。ほかに伝えるべきことがあるだろうという批判がある。確かに自国偏重、メダル偏重の伝え方は反省すべきところがあると自覚している。

しかし、僕たちがスポーツに時間を割いて伝えるのは、単に面白いからではない。そこには願いが込められている。異質なものばかりに目を向けるのでなく、人間には、共有できる大事な価値があることを伝えたいという願いだ。

つい話が大きくなってしまった。

スノーボード・ハーフパイプの平野歩夢《あゆむ》選手が、納得のいかない2回目の採点にもめげずに、文句のない3回目の演技を決めて見事、逆転の金メダルを勝ち取った。繰り返し流されるそのハイライト映像に興奮したからかもしれない。

わが家のコタローが不思議なポーズをとっている。コタローも飼い主と一緒で、オリンピックに興奮したのだろうか。パンチでも繰り出しそうだ。

平和外交でなだめることにしよう。

戦争の足音【2022年2月22日】

40歳過ぎまでは本当にドメスティックな生活だった。政治記者だったので、有力政治家が海外出張する際に取材団のご一行として加わることはあったが、基本的に日本にいるだけで仕事も私生活も十分満足。海外旅行にも興味はなかった。

それが2005年、44歳のときにまさかのアメリカ・ワシントン支局への転勤辞令が出た。英語なんて大学の受験勉強段階で終わっていたし、とても使える代物ではない。不安な気持ちでワシントンの空港に降り立った僕は、入国審査の厳しさに、何とも言えぬざらついた気分にさせられた。

支局に到着し、先任の記者に「ずいぶん無礼なセキュリティチェックだね」と愚痴を言ったら、「当たり前です。戦争をしている国ですから」と素っ気なく言われてしまった。当時、アメリカは中東での「テロとの戦い」の最中であり、新聞には連日、イラクやアフガニスタンで戦死した兵士たちの顔写真が掲載されていた。平和な日本で、自分は何も感じないまま日を送っていたことに、そのとき気づいた。

僕はその後、情報取材を主とする記者の仕事から転じて、報道番組のキャスターを務めるようになり、番組のために世界各地を頻繁にロケして回るようになった。その中でも忘れられないのがウクライナ取材である。

ロシアに近い東部・ドネツクを取材したのは2014年だった。ウクライナ政府の庁舎を、親ロシアの武装勢力が占拠し、庁舎前の広場は多くのロシア系住民でごった返していた。車に乗り込み、市内を車中から撮影していたときのこと、僕たちのクルーは武装勢力に取り囲まれた。カメラのデータを渡せ、携帯電話の中身を見せろという要求を、通訳の男性が何とかやり過ごすうちに1時間ほどが経過し、だんだん場が和んできた。

武装した男たちが「実はオレ、この先でクリーニング屋をやっているんだ」「あんたの携帯に入っているネコ、かわいいな」などと軽口をたたくようにもなった。いよいよ解放されるかというとき、後ろの方から軍服を着た、恐ろしげな男が現れた。

「あんたたちにとっては他人事《ひとごと》かもしれないが、俺たちは命を張っているんだ。失せろ」とその兵士は言ったらしい。そこで私たちは解放された。

「あの男は本当のロシア軍兵士だと思います」。通訳氏は現場を後にした車中で、いかにも肝を冷やしたという風にため息を漏らした。

このときは、ワシントンの空港で感じたざらつきよりももっと激しいもの、つまり恐怖を感じた。そして、このドネツク州や、同じくロシアと接する隣のルガンスク州は、今、おそらくそのとき以上の緊張にさらされている。

「常識で言えばこうなるだろう」という想定通りに物ごとが運んだら、戦争など起きないだろう。誰も死にたくないし、殺したくもないはずだからだ。しかし、想定通りにいかないからこそ、戦争は起きる。あるいは、想定になかった偶発的な出来事から戦争が起きるのは、歴史が教えるとおりだ。

ロシアのプーチン大統領がなぜウクライナに干渉するのか。遠くから見ている限りは理解できないことばかりだ。

ロシア語を話すロシア系住民が多いから自国に併合したいのか。だが、それを言い出せば近隣のすべての国と戦争になる。そんな賭けに出るはずがないと考えるのが自然だろう。いや、野望はもっと大きく、旧ソ連の版図を回復したいのか。しかし、ソ連崩壊から30年余りがたち、各独立国は主権を持った存在だ。それぞれが独自の外交戦略を持ち、口をはさむことは主権侵害にほかならない。常識で許されないから、そんなことはないはずだ。

ところが、そうした常識を覆してきたのがプーチン大統領でもある。2014年、ウクライナの一部であるクリミア半島を、武力を背景に併合してしまった「実績」がある。国際常識の論理だけにとどまっていると、現実が次々に想定を超えていってしまう。

この原稿を書いている2022年2月22日現在、ロシアと欧米各国との神経戦、情報戦が続いている。プーチン大統領はドネツク州やルガンスク州の一部地域を独立国家として承認することを一方的に宣言し、平和維持を名目に同地域に派兵することを決定した。欧米、そして日本はこれに強く反発、実際に戦端が開かれるかどうかを見極めつつ、制裁の段階的な発動に踏み出そうとしている。新聞の朝刊を開くころには、テレビのニュースやネットの記事が、朝刊の見出しを追い越している。事態はそれほど目まぐるしく動いている。

プーチン大統領の意図やいかに。だが、本当に怖いのは、彼自身が自分の意図を制御できなくなるときかもしれない。切れ者の戦略家として知られるプーチン大統領も、やはり人間である。振り上げたこぶしの下ろしどころが見つからずに、本人すら想定していなかった行動に出てしまう可能性すら否定できない。

そこを甘く見てはいけないのだと思う。何より、ロシアとヨーロッパ各国に挟まれているがゆえに、宿命的な地政学的争いに巻き込まれてきたウクライナという国の苦難に、まずは思いをはせる必要がある。

2022年2月22日は、2という数字が並ぶということで、ネコの日らしい。だから、わが家のコタローの一日でも紹介しながらほっこりコラムを書こうと思ったが、世の中があまりに騒がしい。緊迫のウクライナ情勢、北日本を襲う冬の嵐、新型コロナ・オミクロン株の亜種の広がり、幼子を殺害したとして逮捕された母親の、きわめて理解しがたい過去の行動。とてもコタローの写真で受けきれる世情ではない。

北京オリンピックが閉会したと思ったら、一気に世の中の空気が変わったように感じる。スポーツ好きの僕だけかもしれない。もともと世の中にあった「ざらつき」が目に見えて現れたということなのかもしれない。

アスリートのドラマに感動したり、世界情勢を嘆いてみたりと、とかく報道の仕事は忙しい。忙しさにかまけて大事なことを見過ごしてはならない。背筋を伸ばして、きょうのニュースに向き合おう。

プーチンの戦争【2022年3月7日】

将棋でいえば、もはや「詰み」の状態なのではないか。早く投了すべきなのではないか。軍事的に劣勢に立つウクライナではない。プーチン大統領の方が、である。

ロシア軍がウクライナに全面的な侵攻を開始して10日以上が経過した。ロシア側は、ウクライナへの侵攻を続けながら、非軍事化と政治的中立化を求めている。相手の胸ぐらをつかんで殴りつけながら無理筋の話を吹っ掛ける行為は、まっとうな交渉とは言わない。しかも、攻撃は、あろうことか原子力発電所にも及んだ。

プーチン大統領は、作り上げた「虚構」の上に軍事作戦を正当化する。そもそも侵攻の理由に挙げられたのは、ウクライナ東部の一部地域でロシア系住民が迫害されているという根拠不明の主張だった。しかも、侵攻はその東部地域にとどまらず、クリミア半島の喉元に位置するヘルソンやウクライナ第2の都市ハリコフでも激化、首都キエフにも砲弾が撃ち込まれている。日本政府も、もはやロシアによる侵攻は「侵略」にあたるとの認識を示した。

ロシアによる軍事行動を「侵略」とみなすのは、どこにも大義というものが見当たらないからだ。

3月3日、国連総会の緊急会合で、ロシアを非難し、ウクライナからの即時撤退を求める決議が採択された。決議案に反対したのは、ロシアとその同盟国のベラルーシに加え、北朝鮮、シリア、エリトリアの計5か国にとどまった。この顔ぶれをプーチン氏はどう思うだろうか。中国やインドは、ロシアとのこれまでの関係性に配慮して棄権に回ったが、決議案に賛成したのは141か国と、3分の2を超える圧倒的多数に上った。このメッセージの重みを、プーチン氏はどう受け止めるのだろうか。

国連総会の決議の結果を報道ステーションで紹介する中で、スタジオゲストの兵頭慎治さん（防衛研究所・政策研究部長）がぽつりと言った。「これは『戦争終結後』のロシアの立ち位置を示すものとなる可能性がありますね」

仮にプーチン大統領の思惑通り、ウクライナを軍事的に制圧し、ロシアの傀儡《かいらい》政権を作ったとしよう。国際社会がそれでよしとするだろうか。暴挙はなかったことにできない。ロシア非難決議に回った大多数の国の中で、ロシアはいわば四面楚歌《しめんそか》だ。中国やインドにしても、「札つき」の国とのあからさまな連携は難しい。

そして、最も大事なことがある。仮に戦闘の面でロシアがウクライナを制圧しても、それはウクライナが敗北したということにはならない。大義なき戦争に突き進んだロシア軍に対し、ウクライナ軍には国を守るという大義があった。軍事同盟のＮＡＴＯ（北大西洋条約機構）にも、経済・政治の連合であるＥＵ（欧州連合）にも属さず、ウクライナという単体で巨大なロシア軍と戦った。その事実は残る。

そして、大きな傷を負ったウクライナの人々は、プーチン大統領の傀儡であることに満足するはずがない。いずれは主権者たる国民の意図する方向に国は導かれるだろう。つまり、プーチン大統領の「ウクライナの非軍事化、中立化」という意図は一時的に達成される可能性があるにしても、そこに永続性はない。

さらに言えば、プーチン大統領はロシアの自国民に犠牲を強いている。それは欧米や日本による経済制裁だけにとどまらない。心あるロシアの人々は、プーチン大統領によって自国が国際的に疎外され、眉をひそめられる存在であることに我慢がならない。そうした人々の中からは、ロシア当局の締め付けにもかかわらず、反戦のデモに参加する動きが出ている。

プーチン大統領は厳しい情報統制を行うことで対抗している。ロシアでは欧米メディアなどのサイトが見られなくなっており、ＳＮＳも厳しく制限されている。しかし、あるロシア人の友人は僕にこう言った。「ロシアの人々は本能的に知っている。情報の自由度がなくなり、当局の発表ばかりになったとき、ロシアという国がどういう方向に走っているのかを。スターリンの独裁時代から、そのことを知っている」

報道ステーションでは連日、放送時間の多くを割いてウクライナ危機を報道している。新型コロナのオミクロン株は依然猛威を振るっているし、物価高騰をはじめとした経済の不安要素は後を絶たない。地球温暖化などの地球規模の問題は待ったなしだし、東日本大震災をはじめとする災害の記録と記憶はその都度思い起こす必要がある。つまりは、番組で伝えるべきことは山ほどある。

しかし、僕たちは今回の侵略を既成事実として認めることを決してしない。

人間の命を重んじ、その基礎となる民主国家の主権を大切にすることは、僕たちの先人が無数の犠牲を払ってようやく手に入れた、何物にも代えがたい価値なのだ。ウクライナで起きていることは、その価値を共有するわれわれ全員に対する攻撃に等しい。

「詰み」の状態で王将が暴走するのは、もはやルールも何も逸脱している。プーチンの戦争を勝たせてはいけない。それぞれのやり方で、正義のもとに集うときが来ているのだと思う。

国境の町で【2022年3月19日】

それは生中継の合間の出来事だった。

ポーランドの東端にある、ウクライナ国境の町・メディカ。検問所を通って次々にウクライナを逃れてきた人たちが、中継カメラを構えた僕たちクルーのそばを通り過ぎていく。ほとんどが女性と子どもだ。みな疲れ切っているが、ボランティアの人たちが差し出す温かいスープや励ましの言葉に癒やされるのか、ほっとした表情を浮かべる人もいる。

3月18日。僕たちはこの日、このメディカの検問所近くから、避難民の現実や、受け入れるポーランドの人たちの思いなどを生中継で伝えようと、準備を整えていた。報道ステーションの本番が始まり、この日、この場から伝えるべき内容について最後のチェックをしているときだった。

まだあどけなさが残る若い女性が、母親と思われる女性に背中を押されるようにして僕に問いかけてきた。

「ニッポンですか。飛行機、使いますか」

片言だが、しっかりした日本語だ。重い荷物を持ったこの親子は、明らかにウクライナから避難してきたばかりの様子である。

避難してきた人たちに、取材でこちらから話しかけることはあっても、話しかけられることはまずない。しかも日本語だったこともあってドギマギしてしまい、「日本語が使えるんですね。すごいですね」などと的外れな受け答えをしてしまった。


彼女が言った。

「ワルシャワから飛行機ありますか？」

僕が「戦争のせいで、今、直接行く飛行機は、ないと思います。僕たちはあす日本に帰りますが、ドイツのフランクフルトで乗り換えて……」などとやり取りをするうちに、この親子は、日本に避難したいのではないか、と気づいた。

慌てて、ウクライナ語の通訳をお願いしているマルコ君という学生（ウクライナ出身の19歳。ポーランドの大学に通い、英語も堪能。1年半前から日本語を学んでいる）を呼んだ。


ことの次第が少しずつ分かってきた。ウクライナから母親とともに戦禍を逃れてきたこの若い女性は、漫画が大好きなのだという。日本語も漫画で覚えた。日本で学び、将来は漫画家になるのが夢なのだという。僕たち取材クルーが日本のメディアだと気づき、「一緒に日本に連れて行ってほしい」と伝えたかったそうだ。

中継リポートに入る時間まであとわずかだ。しかも、日本の避難民受け入れ態勢や必要な手続きなど、その場では無責任なことは言えない。帰国したらできるだけのことをするという旨を伝え、スタッフのひとりが連絡先を交換して別れた。

親子はとりあえず安堵した表情だった。行くあてがあるわけではないが、とりあえず首都のワルシャワに移動すると言い残し、近くの鉄道の駅に向かうバスの列に加わった。

そして僕たちクルーはこの中継をもって、今回のポーランド取材の旅を終えた。

僕は今、フランクフルトで羽田への乗り継ぎのための長い待ち時間を過ごしている。ネットを開くと、ウクライナから逃れてきた若い女性が、危うく人身売買の標的にされそうになったというニュースが目に入ってきた。

何ということだ。苦しい思いをしながら避難してきた人たちが、これ以上悲劇に見舞われることなどあっていいのか。

この1週間、ポーランドのウクライナ国境で取材を続け、何度も胸が締め付けられた。ウクライナの決まりで、60歳までの成人男性は、祖国防衛のために国に残ることが求められている。脱出してきた人のほとんどが、女性や子ども、高齢者なのはそのためだ。

避難民を受け入れるシェルター（避難所）などでの取材は細心の注意を払ったつもりだ。だが、自分の愚かさを悔いる場面もあった。

ある施設で、12歳と4歳のふたりの子どもを連れて避難してきた女性がインタビューに応じてくれた。事前に、施設の担当者から「私たちは、彼女たちの過去には触れずに、これからの話だけをするようにしています」と言われていた。傷口を広げるような質問はしないようにと暗に釘を刺されていたのである。

もちろん、日本でも災害直後の避難所の取材などを経験しているので、分かっていたつもりだ。慎重に言葉を選んで質問した。この女性は、これからの落ち着き先が決まっていないこと。ここポーランドで、何でもいいから仕事を探したい気持ちであることを話してくれた。

そこでやめておけばよかったのだ。

「ご家族とは連絡を取り合えていますか」と質問した瞬間、彼女の目から大粒の涙がこぼれ、言葉を発することができなくなってしまった。

「ごめんなさい。つらいことを思い出させてしまいました。許してください」と、その場を立ち去るしかなかった。

How stupid I am!　なぜだか分からないが、心の中で自分を英語でののしっていた。

通訳をしてくれたマルコ君は、「この仕事、悲しいです」と言った。彼の祖国もウクライナなのである。

厳しい状況の中で取材に応じてくれた人、そして取材を手伝ってくれた人たちに心から感謝している。一連の取材を終えて、報道ステーションのスタッフのひとりが、「ぜひ、また取材に来ましょう。平和が戻ったら、ウクライナに入り、たくさんの人の声を聴きましょう」と言った。

同感だ。そして、世界ではウクライナだけでなく、シリアなどの中東や、アフリカ、ミャンマーなどのアジア、そして中南米と、深刻な人道危機が、同時並行で起きていることを忘れてはならないと思う。

僕たちにできることは何か。8時間という、フランクフルトでの長すぎる待ち時間の中で、そのことを考え続けている。

日常【2022年4月18日】

日曜日に長男と一緒に東京六大学野球を観戦してきた。

ちなみに、僕は東京大学野球部ＯＢ、長男は明治大学野球部のＯＢである。４月17日の東大対明治の2回戦。どちら側で観戦するかについては息子に譲歩し、三塁、明治側の内野席に陣取った。やわらかい日差しが心地よい。日が傾くにつれて肌寒さを感じるが、それでも、グラウンドで躍動する選手たちにつられるように、こちらの心も浮き立ってくる。

試合は明治が大差をつけてリードしている。東大の選手たちも体格はしっかりしているし、プレーぶりも堂々としたものだが、さすがに強豪・明治のレギュラー陣にはなかなか通用しない。

観戦しながら、それにしても日常が戻りつつあるなと思う。コロナ禍の前に比べると観客の数は減っているが、熱心なファンがスタンドから注ぐ視線は熱い。各校の応援団は、学生が密集して声を張り上げる事態を避けるためか、無観客の外野席に陣取って応援歌とともにエールを送る。それでも東京六大学野球の伝統をしっかり感じることができる。

そろそろ身体も冷えてきた。

神宮球場に近い信濃町駅からJRの電車に乗って帰宅する。春と秋のシーズンには何度かこうして神宮通いをするのが常だった。それがコロナ禍で2年間封印されてきたのだが、封印が解けるときには、実に当たり前のように以前に戻るものだ。街では桜の花がほぼ散り、ハナミズキが美しい季節になった。

帰宅したら小さな家庭菜園に肥料をまいて耕さなければならない。大型連休前には畝《うね》を作り、夏野菜の種をまいたり、苗を植えたりしなければならない。ことしもミニトマトとキュウリとモロヘイヤは必須だな。春は本当に楽しい。

そんなことを考えながら、電車の中でスマホのニュースを眺めていたら、プロ野球ロッテの佐々木朗希投手が、前週の完全試合に続いてまたも8回まで「完全」投球をし、マウンドを降りたという。球数が100球を超えてベンチは大事をとったのだろう、9回はリリーフにマウンドを譲ったが、とんでもない快挙である。

この日はメジャーリーグの大谷翔平選手も2試合連続のホームランを打ち、スポーツシーンは早くも佳境に入った感がある。ワクワクしてきた。今夜はスポーツニュースをはしごだな。寝酒を飲みながらゆっくりと。

そんな気分で家に帰ると、妻が暗い表情をしながら言った。「日本時間の7時だって。最後通告みたいだね。マリウポリ」

地球は広く、平和な日本で春を満喫する僕のような市民がいる一方、ウクライナの戦況はいよいよ厳しくなっている。南東部の要衝・港湾都市のマリウポリは、ロシア軍にとっては是が非でも「取りたい」場所なのだ。ロシア軍はマリウポリをいよいよ包囲し、日本時間の午後7時に時間を切って降伏を迫っているという。

暴君と化したプーチン大統領の野望をくじき、力による現状変更という悪しきモデルを作らせないようにするためには、鉄鋼コンビナートを拠点にして防御に努めるウクライナ軍の踏ん張りに期待するしかない。しかし、踏ん張れば踏ん張るほど街は破壊しつくされ、人命が失われる。なんと悲しきジレンマか。


考えてばかりいても始まらないと、外に出て小さな庭に回る。数十キロ分の堆肥をまき、石灰をまく。鍬《くわ》で丹念に土を掘り起こし、混ぜ込んでいく。駐車場1台分ほどの小さな菜園だが、それでも還暦を迎えた都市労働者にとっては重労働である。休み休みではあるが、無心に土を掘り起こす。古くなった鍬の柄が折れてしまい、スコップで代用し作業を続ける。

日はとっぷりと暮れ、体が重い。でも、戦場の人々のことを思い、避難せざるを得なかった市民の苦悩を思えば、自分の体の疲労なんて比較すべくもない。むしろ、多少の痛みを共有したいとでもいうような愚かな欲求に突き動かされ、ひたすらスコップをふるい続けた。

家では愛犬のおじゃると、愛猫のコタローがいつも通りにじゃれついてくる。そんな日常がありがたい。しかし、日常とは決して当たり前ではないことを、僕たち日本人も肝に銘ずる必要があるとつくづく思う。

戦争は決して、「異常事態」ではないのかもしれない。「普通」の延長線上に、いくつかの誤解と、独裁者の罪深き思い込みが重なれば、戦争は十分に起こりうるものなのだ。実際、それは歴史が証明しているし、今もウクライナのみならず、ミャンマーなどでも現在進行形の出来事である。人間とは往々にして戦争という罠に陥るものなのだということを心しなければならない。そして、壊れやすいからこそ、平和を保つ努力を怠らないようにしなければならないのだろう。

週末が終わった。報道の仕事という、もうひとつの日常がまた始まる。しっかりとしたファクトを厳選し、視聴者に丁寧に伝えること。世の中にはびこる不条理に敢然と物申すこと。時にはスタジオを離れ、視聴者に代わって自分自身で現場に立ち、五感を働かせること。それが僕の仕事だ。

ウクライナでの戦争というニュースを連日伝えながら、それを決して「日常」としないために、ニュースの小さな変化を決して見逃すことなく、全力で仕事に当たらなければならないと思う。

みんなでクルリンッパ！【2022年5月15日】

ダチョウ倶楽部の上島《うえしま》竜兵さんが亡くなったというニュースを知ったのは、5月11日水曜日の午前中、散歩から帰ってのことだった。若いころの熱湯風呂に始まって、そのギャグには僕もずっと楽しませてもらったが、失礼ながら人間国宝級のような大御所ではない。それでもなぜか、この出来事は、大げさに言えば「国民的喪失」のような気がしていた。なんだかとても悲しかったのだ。

だから、この日の報道ステーションの担当デスクから、「今夜は上島さんの訃報をトップニュースで伝えたい」と言われたときには、極めて自然な判断だと思った。

個人的なことを言えば、上島さんは僕と同じ1961年生まれ。身体を張った芸風を尊敬していた。人間、年齢とともに身体が動かなくなる分、どこか知ったかぶりをすることが増え、理屈っぽくなりがちだ。上島さんは微塵《みじん》もそんなことを感じさせない。そこがうらやましかった。

悲しみがこんなにも広がったのは、もちろん、多くの人に愛された人ゆえだろう。上島さんを慕う後輩芸人たちが集い、上島さんを囲んで「竜兵会」という集まりをよく開いていたそうだ。テレビカメラというものはうそをつかないもので、その人の人柄をよく映し出す。上島さんなら、後輩たちに時々からかわれたりしながら、笑顔の絶えない集まりだったのだろうなあ、と思う。

でも、悲しみの正体はそれだけではないような気がしている。うまく言えないが、時代性を帯びている、というか。

その人の死に至る胸中など、赤の他人である僕ごときに分かるはずがないし、分かろうとしても無理だろう。しかし、どうしても考えてしまう。そして、今の時代背景がどうしても映り込んでくる。

コロナ禍で、大好きな「竜兵会」も開催は間遠《まどお》になっていたという。

「熱々おでん」も「仲直りチュー」の芸も、密着とか飛沫を避けられない。披露はかなわず「オレ、何にもできないおじさんになっちゃったよ」と上島さんはこぼしていたそうだ。体当たりの芸風で、笑いをじかに受け取ることで生きてきた上島さんにとって、コロナが大きな心の負荷になっていたことは想像に難くない。

コロナばかりではない。ウクライナでの戦争や、知床沖での海難事故など、命に直接かかわる出来事がこのところ多すぎた。そうした重苦しい時代の風は、ある人たちの心の隙間に入り込み、澱《おり》となってこびりついてしまうことがある。

繰り返すが、上島さんの胸中について何か分かったような顔をするのは僭越《せんえつ》だ。しかし、稀代のコメディアンがこの世を去ったのは、そうした風が吹き荒れる中での出来事であった。

この日の報道ステーション。訃報のVTRをトップニュースで伝えた後、スタジオのカメラは僕をとらえようとしている。何かを言わなければならないのだが、人の死を軽々しく総括などできない。さて、どんなコメントをするか。

訃報とはいえ、トップに据えたVTRにはおなじみの芸が満載で、僕はつい笑ってしまった。そして僕はそのことを口にした。「分かっていても笑ってしまう。今も笑ってしまいました。でも、それはある意味、（お笑い芸人である）上島さんへの一番の供養になるのかもしれません」

言い終えてから、お門違いだったかな、とも思った。お笑いを職業にしていた人とは言え、死についてはもっと厳粛なコメントにすべきだったかもしれない。あるいは短く「謹んでお悔やみ申し上げます」とだけ言うべきだったのかもしれない。

そうして迎えた14日土曜日。ダチョウ倶楽部の面々のコメントがインスタグラム上に公表された。その中でも、リーダーの肥後克広さんの言葉が印象的だった。一部抜粋させてもらう。

「何をやっても笑いを取る天才芸人上島が最後に誰も1ミリも笑えない、しくじりをしました。でも、それが上島の芸風です。皆で突っ込んでください。（中略）そして、上島の分、3倍笑ってください。皆にツッコまれる、それが上島の芸風です。ダチョウ倶楽部は解散しません」

さすがに仲間だな、同志だな、と思った。悲しむファンの心をやわらげ、亡くなった上島さんも天国で照れ笑いを浮かべていそうなコメントだ。「笑うことも供養」と言った僕まで救ってもらったような気になる。

悲しいことや苦しいことが周りにあふれていても、僕たちはこうして生きているし、生かされている。夜が明ければ朝が来る。肥後さんはコメントの最後を、帽子を回転させて頭に乗っける上島さんのギャグを使って、こんなふうに締めている。

「どんな悲しい事があっても、みんなでクルリンッパ！」

スクワットひとつできない【2022年5月22日】

今月から、都内のあるジムの会員になった。

歩くことだけは苦にならない方で、コロナ禍に入ってからはなおさらひとりで歩くことが増えた。おかげさまで減量にも成功したのだが、今度は次第に腰痛に悩まされるようになった。これは何とかしなければと一念発起。ジムにきちんと通い、身体を鍛えることで腰痛を克服しようと考えたのである。

僕はもともとスポーツ選手でもあり、身体を鍛える経験はそれなりに積んできた。だから手あたり次第いろいろなマシーンを使い、「腰を鍛えるならこの運動かな?」などと自己流でエクササイズに励んでみた。しかし一向に腰痛は改善しない。

そこで「新会員様　無料お試しコース」というメニューの中から、トレーナーによる1時間のパーソナルトレーニングをお願いしてみた。

登場したのは、見るからに姿勢がよく、表情もキリリとひきしまった女性トレーナーである。

さっそく、腰痛を治したいこと、ついでに言えば筋肉質でカッコいい体型になってみたいという希望を伝え、「では、スクワットから始めましょう」ということになった。

スクワットというのは、単純に言えば立った状態からひざを屈伸する運動だ。「こんなもん、野球部時代に飽きるほどやったわい」などと心の中でうそぶきながら、「さすが、お強いですね。腰痛克服なんてあっという間ですね！」とほめちぎられることを信じつつ、えっちらおっちらと屈伸運動にいそしんだ。


ところが、トレーナーは厳しい表情をしたままだ。ほとんどため息をつきそうにして彼女は言った（ように思われた）。

「腰が全く使えていませんね」

「はっ？」

「股関節が動いていません。そのやり方では、腰痛の克服より先にひざを痛めそうですね」

「はあ」

ということで特訓が始まった。

「ひざから曲げるんじゃなく、腰から始動する感じで！」

「こっ、こんな感じですか。後ろにひっくり返りそうなんですけど……」

「ダメダメ、足の裏全体で受け止めて！」

「ひぇー！」

こうして、やさしくダメ出しをされながら、1時間のお試しコースはあっという間に終わってしまった。まったく、元アスリート気取りでいながら、僕はスクワットひとつできず、下手をすればひざまで痛めていたかもしれないのだ。

「生兵法《なまびょうほう》は大けがのもと」とは、こういうことを言うのだろう。

生半可な知識はかえって邪魔になったり、大失敗の原因になったりする。それは仕事にも当てはまることが多そうだ。

例えば僕の場合、ニュース番組のキャスターをしているので、扱う出来事は種々雑多である。種々雑多できりがないということは、圧倒的に自分の見知らぬものばかりだ。それが当然なのだ。

ところが、そこに罠がある。自分は政治記者だった期間が長い。だから国内政治がテーマになると何か言いたくなるし、「自分は知っている」というアピールをしたくなりがちだ。野球についても同じことが言える。やれピッチャーの配球がどうだとか、訳知り顔で語りたがる。

しかし、キャスターとしての僕の役割はそうではないはずだ。「知った人」の側に回って、専門用語なんぞを使い、視聴者を置き去りにしてしまえば、それこそ番組としては大けがである。もちろん、何も知らない顔をすることも逆に変ではあるが、自分の立ち位置を冷静に考えれば、「知っている」人の側ではなく、「知らない人」、ないしは「少し知っているがもっと知りたい人」の側に立って番組を進めるべきなのだ。

うーむ、スクワットひとつとっても、人生、いろいろ学ぶべきところがある。トレーニングを終えて深く納得していると、インストラクターが、「あのー」と声をかけてきた。

「股関節だけでなく、肩甲骨の使い方にも問題がありそうなんですよね」

「肩もですか？」

「ええ。もしよろしかったら、次回は肩甲骨の使い方についてもいろいろアドバイスさせていただきますが」

「もちろんです。この際ですから、自分の身体をしっかり使いこなすことができる、立派な中高年になりたいと思います！」

僕は力強く宣言して、さっそく次回の予約をしたのだった。


そうして僕は意気揚々とジムを後にした。そして、ふと気が付いたことがあった。パーソナルトレーニングの無料お試しコースは、確か1回限りだ。次回以降はそれなりの料金がかかる。うー。

でもしかたがない。次回以降、正しい身体の使い方をマスターしてみせようじゃないか。

そうすれば、スタジオでの振る舞いもきっと変わっていくだろう。ニュースに向き合う姿勢も変わっていくだろう。キャスターとしての進化は、僕の股関節と肩甲骨にかかっている。

モノクロで描くふるさと【2022年5月30日】

ウクライナにある故郷のドニプロは、「薄い、青の色」のイメージだと言う。「空と雲と合わせた、そういう色」。ところが、そんな彼女がスケッチブックに描くドニプロの街は、黒一色のモノクロだ。

16歳のズラータ・イヴァシコワが戦火を逃れてやってきたのは、横浜だった。横浜市在住の支援家族のもとで暮らしている。海を望む公園で彼女と2か月ぶりに再会した。

「横浜はドニプロに似ている」と言う。

はて？　と思い、ほぼ毎日目にするようになったウクライナの地図を確認すると、ドニプロはずいぶん内陸部にある。そのことを聞くと、「ドニプロには、同じ名前の川があります」とズラータは言った。確かに、ドニプロ川（地図上ではドニエプル川と表記されることが多い）は、欧州有数の大河だ。豊かな水運の都市という意味で、港湾都市・横浜と重なるのだろう。

ズラータは、ロシアによるウクライナ侵攻から1か月近くが経った3月半ば、ポーランドの南東の街・メディカで、私たち取材班に自ら声をかけてきた。母親とともにドニプロから避難し、ポーランドの首都・ワルシャワに向かう途中だった。私たちに、「日本に行きたいです。漫画が好きです」と日本語で訴えた。

番組スタッフが連絡先を交換し、その後もズラータを励まし続けた。念願かなって受け入れの段取りが整い、4月、彼女はワルシャワからの直行便で単身、日本にやって来た。母親は祖母が住むドニプロの実家に戻ったそうだ。日本で漫画家になりたいという16歳の夢を、遠く離れて後押ししている。

久しぶりに会ったズラータは、ずいぶん大人びて見えた。背丈は僕より少し高いくらいかもしれない。横浜は雨だったが、ズラータは「雨は好きです」と、むしろ晴れやかに話した。もともと日本語に興味があったという。なんと、ドニプロでは、太宰治の『人間失格』の初版本（！）を入手し、今も大切にしている。難しい漢字も視覚で覚えている。

彼女にはもともと画才があった。文学から入門した形だが、日本を代表する文化となっている漫画の魅力のとりこになった。それは彼女にとっては自然な流れだった。

横浜では市内のデザイン学院に通っている。日本語学校を併設し、世界から日本のアートを愛する若者が留学してくるこの学院は、彼女にとって願ってもない学びの場となった。クラスメートとの共通語は日本語だから、「いやでも覚えてしまいます」と屈託がない。間違いなく、

2か月前よりも格段に言葉は上達している。

日本語の勉強に加え、デッサンなどを特訓している。クラブ活動では仲間とバンドも組んだそうだ。経験はなかったが、「ボーカルとギター。歌は上手じゃないけど、好きだから頑張ります」とはにかんだ。学園生活の話をする彼女は本当に楽しそうだ。

とはいえ、故郷のことは頭から離れない。母親とは毎日、連絡を取っている。この数日前、実家の近くの鉄道に爆弾が落ちたそうだ。いつも元気な声を聴かせてくれる母親も、このときばかりは沈んでいたという。

ウクライナの戦争のニュースは見ない。「もっと不安になってしまいますから。見ることはできると思いますが、見ないようにしています」

戦争に関する情報は、母親との電話で聞かされる方が安心なのだと言う。「すごく怖いことが起きている。なんでこうなってしまったのか、よく分からなくて」という彼女は、「早く戦争が終わってほしい」と願っている。

改めて、彼女が描いた故郷のドニプロの絵を、目を凝らして見た。

筆先の細いペンにインクをつけて、丹念に描いた絵である。大きな川に橋が架かっている。鉄道の架線も見える。手前の道路を街灯が照らしている。夕闇が迫る時間帯だろうか。何気ない街の日常を描きながらも、胸を揺さぶる不思議な魅力を持った絵だ。

モノクロで描く理由を聞いてみると、「その方が好きだから」とあっさりとした答えが返ってきた。しかし、色のない絵にしたくなるのは、戦争の暗いイメージが影響しているせいかもしれないと話した。

「もう故郷から出てきましたから。故郷は記憶の中。映画のように、頭の中では白黒に見えます」

ドニプロを逃れ、ポーランドを経由して日本にやってくるまでのことは、混乱していてほとんど覚えていないそうだ。しかし、不幸な戦争がきっかけだったとはいえ、大好きな日本に、彼女はやって来た。

そして、彼女はきっぱりと語った。

「漫画家になりたいです。日本で生活をしていきたい。ただ数年過ごして帰るのではなくて、ずっと住んでちゃんとした仕事をしたいです。夢に近づくためにここに来ましたから。今までは夢を窓から覗いていただけですが、今は扉を開いてそこに入っている。もうその一部になるしかない」

幸と不幸を取り交ぜ、絶え間なくやってくる運命の波に流されるのではなく、その偶然を自分の人生に取り込み、力に変えていこうとするたくましさ。彼女が大人びて見えるのは、そのせいだろう。

ふと見ると、横浜の港に大きなクルーズ船が入ってきた。

「海の向こうから来た船ですか？　建物みたいな大きさ……」

ズラータの瞳が輝いた。大人びた彼女が見せた、つかの間のあどけない表情だった。

額に汗して働くことと……【2022年6月13日】

「やっぱりお金というのは、額に汗して働いた結果だからこそ、貴重なものであってだな」と、さも当然の顔をして語る父親に対し、30代のわが息子は、ハイボールのグラスなんぞを傾けながら、「それは確かにそう。でも、若い世代はそれだけでは立ち行かなくなっている」と生真面目に語った。「そうだ、『ドラゴン桜』でも読んでみたら？　読み応えのある漫画だよ」という勧めに従って、全21巻（講談社）をネットで注文した。即決の、いわゆる「大人買い」である。

その翌日、愛犬が死んだ。

まるで僕の都合に合わせてくれたかのように息を引き取った。この週末は出張などの予定もなかったので、看取りもでき、火葬にも寄り添えた。長毛のチワワで、目の上に墨をつけたような眉毛がある。雌ではあるが、その風貌から、アニメのキャラクターそのままに「おじゃる」という名が付いた。

おじゃるは僕にとてもよくなついてくれた。僕がいると必ず脇にやってきて、ぴたりとくっついていた。顔を近づけるといつまでもペロペロとなめた。

おじゃるが旅立ったその日の午後、注文した『ドラゴン桜』が届いた。悲しみに沈んでばかりいてもしようがないと、ページを開いた。ドラマ化もされた話題作だったことくらいは知っている。1巻目、2巻目と読み進んだ。面白い。作者の三田紀房さんの緻密な取材が光っている。

授業は荒れ放題。生徒も集まらなくなり、経営破綻寸前となったある私立高校が舞台である。主人公は、この高校に送り込まれ、経営再建を任された弁護士だ。再建の切り札として、彼はこの高校に「特別進学クラス」を設け、わずか1年足らずの間に東京大学への合格者を出すことを約束する。授業についていくことなどとうに諦めていた生徒たちが、成り行きで特進クラスに編入される。その生徒たちを、あの手この手で合格ラインまで引っ張り上げていく……。

それだけだと、単なる根性物語のようにも見えるし、学歴偏重社会を無批判に肯定する感じもして、あまりスッキリとしない。しかし読み進むうちに、主人公によるいくつもの印象的な言葉に、カウンターを食らったような気分になる。

「俺らにはルールなんか要《い》らねえんだよ」といきがる不良生徒に対し、「ルール無視するやつはプレーする資格はねえ　世の中からさっさと退場しろっ！」と主人公は一喝する。「そのルールが気に食わなくててめえの思い通りにしたかったら……自分でルール作る側にまわれっ！」とけしかける主人公は、そのための「確率の高い」チケットとして、東大に入るメリットを説く。なぜなら、「日本のルールは東大を出たやつが作っている」と考えているからだ。

もちろん、部分的にセリフを紹介してもすべてが伝わるわけではないし、読む人によってどこが印象に残るかは異なる。わが息子がこの本を僕に勧めたのも、東大至上主義を追認せよ、という意味ではない。『ドラゴン桜』が息子たちの世代に浸透した（ちなみに週刊漫画誌での初出は２００３年である）のは、敗残者となりたくなければ努力して果実をつかむしかない、という容赦ない時代背景がある。少なくとも僕にはそう思えた。

息子は「これからオレは勉強するし、資格も取る」と決意の面持ちだった。「額に汗して働くことが大事」と言う僕の言葉を否定するわけではなく、「オレは投資だってするよ」とさらりと言ってのける。「投資」という言葉だけでハラハラしてしまう僕と違い、賢く手元のお金を増やすことは、これからの時代に必須なのだと彼は言う。彼もまた薄給サラリーマンであり、投資に回すお金など乏しいにもかかわらず……。

参議院選挙が近い。各党の選挙公約も揃いつつあり、しっかり読み込んでおかなければならない。しかし、その前に『ドラゴン桜』全21巻を読み切ってしまおう。急がば回れ。多様な世代の価値観に触れておくこともまた、キャスターには求められるのである。

ところが、仕事モードに切り替えようと思った瞬間に、愛犬の顔が浮かんでしまう。

この30年、わが家にはいつも何匹かの小型犬がいた。息子たちの成長を見守り、至らぬところだらけの夫婦をサポートしてくれた。「おじゃる」がその最後の犬である。

息子は、「また新しい犬を飼えばいいじゃないか」と慰めてくれる。しかし、もう犬は飼わないと決めている。これから飼い始め、15年生きると仮定して、僕ら夫婦はともに70代半ばを超える。最後まで面倒を見ることができるかというと、その保証はない。

しばらくは引きずりそうだ。

でも、わが家には元気なネコが1匹いる。これからは一人っ子だ。思いきりネコかわいがりしてやろうと思う。

ニッポンのメシのタネ【2022年6月21日】

150日間の国会が閉会し、政治は参議院選挙に向けて走り出した。

報道ステーションでは6月16日、事実上の選挙戦に入った各党の党首にスタジオに来てもらい、生討論を行った。これに先立って、各党にいくつかの質問を投げかけ、事前に20文字以内にまとめてもらうことにした。議論を視覚化し、スピード感を持って進行するためである。では質問項目をどうするか。ウクライナ問題で浮き彫りになった日本の安全保障の課題、物価高騰への対策、という2つのテーマはいわゆる「鉄板」だ。これに加えて、僕は「ニッポンのメシのタネ」というお題はどうか、と提案した。スタッフは僕の提案を面白がってくれ、にやりと笑いながら「いいでしょう、採用しましょう」と答えてくれた。

「ニッポンのメシのタネ」というのは、言い換えれば「日本が生きていく糧」という意味だ。もっと言えば、「いろいろと閉塞状態にある日本だが、今後、中長期にわたってこの激動の世界を生き抜くにあたって、これだけは日本の『売り』と言えるようなものがあるとすれば何か」という問いかけだ。

あれれ？　こうして説明しようとすると意外と難しい。ということは、この質問を受け取った側もいろいろと迷ったに違いない。そして、返ってきた回答を見ると、やはり各党をかなり困らせてしまったようだ。実際の生放送の中では、予定通り、安全保障政策、物価高騰への対処といった「鉄板」のテーマで時間はほぼいっぱいになった。せっかく事前に回答を寄せてくれた各党の皆さん、スミマセン。

ということで、せっかくなので、「日本の将来の〝メシのタネ〟は？」という事前質問に寄せられた回答をこの場を借りて紹介したい。

自民党……人への投資の強化　社会課題への投資
公明党……脱炭素化とデジタル化で世界をリード
立憲民主党……教育、デジタル、再エネ
日本維新の会……教育・出産の無償化、将来世代への徹底投資
共産党……気候危機打開　ジェンダー平等で成長力UP
国民民主党……教育国債で予算倍増　積極財政で200兆円投資
れいわ新選組……脱原発　廃炉ニューディール
社民党……自然エネルギーと農業　社会保障・医療
NHK党……ロケット事業を推進し　日本が世界を席巻する

各党の思いが出ていて興味深い。多くの政党が、人材育成を挙げている。人への投資、教育の無償化などはその範ちゅうに含まれるだろう。もちろん国家の大計として大事なことである。だが、人材をその幹とすれば、幹の枝先にどのような花を咲かせ、果実をつけ、お店に出すか、そういったことが今後より重要になってくるのではないか。

また、多くの党が挙げていたのが、環境とデジタルという分野に関わるものである。確かにこれらは待ったなしの課題が満載だ。

地球温暖化を抑えるのは将来世代に対する責任だし、同時にグリーンビジネスを拡大させることができれば一石二鳥でもある。また、デジタル化も、経済社会の急速な進展とともに、いわば必修科目になっている。

ただ、これらはむしろ、先進的な世界の国々に、まずは追いつくことが求められている分野だ。ライバルたちをごぼう抜きにして先頭に立つ気概には大いに賛成だが、日本の専売特許とするのは決して簡単ではない。

以前、台湾総統府の元高官と、取材でずいぶん話し込んだことがあった。大陸（中国）との「両岸関係」は常に緊張をはらみ、台湾有事が現実味を持って語られる中ではあったが、彼は自信を持ってこう言った。

「台湾の生きる道、それは、ほかが取って代わることのできない存在となることです。そのためのわれわれの武器が民主主義なのです」

彼はunreplaceableという英語を使って説明した。民主主義を大切に守り育てる台湾は、日本やアメリカにとって価値観を共有する大事な存在である。一方の大陸（中国）からすれば、「自国の一部」だからと言って、その体制に簡単には手を出せない存在となっている。

その政治的なバランスを取りながら、台湾は半導体生産で大きなシェアを占めるなど、経済的にも「ほかが取って代わることのできない存在」になっている。

生きる道を自覚し、大事にする価値を明確に見出す彼らの姿は、私たち日本にとっても大いに参考になると思う。平和に慣れ、成熟国家として政治への関心の低下が叫ばれる日本だからこそ、「メシのタネ」は何か、と青臭く議論するのはやはり大事だと思う。今回は日の目を見なかったが、次はまた別のアプローチでチャレンジしたいテーマである。

第3章

政治を伝える

2022年7月〜12月

酷暑の選挙戦【2022年7月4日】

ドサッというような音がしたかと思うと、高齢女性が歩道の上に倒れていた。近くにいた報道関係者が（たまたまわが報道ステーションのディレクターだった！）が頭を支え、声をかけている。意識はあるようだ。しかし、倒れる際に手をつくことができなかったのか、頭をコンクリートで打ったらしく、髪の下から出血していた。

7月2日土曜日、参院選の街頭演説が行われていた京都駅前でのことだ。この日の京都は最高気温38度の予想。正午過ぎのこの時刻は、体感として40度近くはあったと思う。うだるような暑さとはこのことだ。

女性が倒れた場所は、偶然にも、これから応援弁士として登場する岸田首相が、駅を降りて街宣車に乗るまでの動線（通過経路）上にあった。そこへ、倒れている女性の横を警護の警察官を先頭とした首相の一行が通り過ぎようとした。岸田首相が異変に気づき、声をかけていた。あたりはごった返していたが、女性は意識を保ったまま救急車に運ばれ、なんとか、首相の街頭演説も始まった。

この女性は胸に応援バッジをつけていたから、候補の支持者なのだろう。灼熱の街頭に応援に出て、熱中症にやられた可能性がある。無事でいてくれればいいのだが。

これだけ暑いと、選挙をする側も応援をする側も、大げさでなく命がけである。選挙戦という文字が示すとおり、まさに「戦《いくさ》」だ。

この日、京都のみならず、列島の各地で35度以上の猛暑日が記録されていた。東京は8日連続の猛暑日となっていた。

例年より早く、あっという間に明けてしまった梅雨。身体の準備が整わないままに熱波に襲われ、各地の救急医療機関に搬送される熱中症患者が後を絶たない。医療ひっ迫という言葉はコロナ禍の中でさんざん耳にしたが、太陽までがかさにかかって医療従事者や弱者をいじめるのか。

とはいえ、こちらは仕事で京都に来ている。

7月10日投開票の参議院選挙で、京都選挙区は全国屈指の激戦区である。改選となる議席は、自民党と立憲民主党が持っていた2議席だが、日本維新の会の躍進で一気に混戦の度合いを増した。京都に伝統的に強い地盤を持つ共産党を含めて、2議席をめぐる争いは、し烈である。

選挙は熱い。そして、ただでさえ暑い。

こちらも、各候補の演説日程をにらみながら、市内各地を移動し、演説ポイントで待ち受け、候補の演説の内容を聞き、支持者の反応を見る。汗を拭き拭き、水を飲み飲み、首を冷やし冷やしと、取材する側も大変だ。

ただ、選挙取材というのはこうして街頭演説をハシゴするのが効率的なやり方でもある。

それは、われわれ取材者としての目線だけでなく、ひとりの有権者として投票先を決める上でも同じことが言えそうだ。

各候補者の選挙運動と言えば、選挙カーに乗って名前を連呼するのが風物詩であると同時に、騒音扱いされることもある。ただ、候補者の多くは毎日、その日のポイントを決めて「辻立ち」をする。文字通りの街頭演説だったり、あえて田んぼの真ん中だったりもする。場所や時間は前日の夕方くらいにネットなどで公開されるので、可能な範囲で一度足を運び、肉声を聞いてみてほしい。そうすると、各候補や政党の訴えについて、単に字面で読むのとは違う新しい発見もある。できれば複数の候補の主張を聞き比べてみるのがなお良いと思う。

しかしなあ、とも考える。この暑さでは「街頭演説を聞いてみよう！」と力強く呼びかけるのも気が引ける。京都駅前で熱心な高齢女性が倒れるところを目撃した身としてはなおさらだ。

翌3日の日曜日、京都は一転、雨だった。今度は傘をさしながらの選挙取材。一方、東京都心は9日連続の猛暑日で、これは観測史上最長記録だという。取材を終えて新幹線で帰京すると、雨が追いかけてくる形で東京も雨が降った。

翌4日月曜日、東シナ海を北北東に進む台風4号などの影響で、列島は広く雨雲に覆われている。東京も久しぶりに猛暑日を逃れたが、蒸し暑さは増した感じだ。そして何より、強い雨雲はすでに、九州などで被害をもたらしている。

いやはや、忙しい夏である。梅雨が引っ込んで猛暑が続いたかと思えば今度は台風。いや、ちょっと待てよ。まだ7月に入ったばかりだ。早すぎないか。なんだかもうひと夏分を過ごしたような疲れを感じる。

7月10日には参院選の投開票日を迎える。今回は、ロシアのウクライナ侵攻によって、安全保障上の危機感を肌身で感じながらの選挙だし、物価高も深刻だ。

この日は特別番組「選挙ステーション」で、4時間以上にわたって日本の政治の今を伝えることになっている。疲れたなどと言っていられない。しゃんとしなければ。

ただし、ことしについては、どこかの時点でしっかり夏休みを取ることにしよう。番組プロデューサー様。どうぞよろしくお願いします。

「プロによる政治」でなく【2022年7月12日】

参議院選挙が終わった。

安倍元首相が凶弾で命を落とすという、大事件の動揺が収まらない中で迎えた投開票日だった。言論や政治活動の自由の大切さをかみしめて、投票所に足を運んだ人も多かったことと思う。

ただ、今回の選挙の投票率は52・05%と、前回3年前を上回りはしたものの、かろうじて50%超えという低水準にとどまった。投票意欲が高まらなかった理由はいろいろあるだろうが、やはり野党の頼りなさを指摘しなければならない。政権を担える強い野党をアピールしようにも、実績でも実態でも及ばず、結果は自民党のひとり勝ちだった。

その結果の延長として、政治の姿はどう変わっていくだろう。僕が心配するのは、プロの、プロによる、プロのための政治になるのではないか、ということだ。

野党が存在感を示す場が国会だ。テレビの国会中継をずっと視聴し続ける人は決して多くないが、その論戦のダイジェストは多くのニュース番組が取り上げる。映像とは不思議なもので、論戦の内容もさることながら、気迫の度合いをしっかりと映し出す。この国の民主主義の土台が保たれているかどうか、言論の場が活気づいているかどうかを確認することができる。

しかし、野党が議席を減らし、国会が圧倒的な与党主導で進めば、活発な議論の場を期待するのは難しくなる。議論はほどほど、後は多数決で政府提出の法案が可決・成立するという「オートメーション化」が進めば、国会への関心はさらに薄まる。

もちろん、与党内にも、各部会などで政策の議論は存在する。その議論は国会よりも熱い場合が少なくない。政策のみならず、政治姿勢や、場合によっては不祥事の追及などが行われることもある。しかし、自民党本部で行われる内輪の会合の全容が国民に発信されることはほぼない。

それは、一般の国民の目がなかなか届かないところ、つまり政治の素人から見えないところで、政治のプロだけで物ごとが決まっていくことにほかならない。

プロによる政治の占有が進んでしまう要素はほかにもある。それは、不幸なことに、安倍氏の急逝によってもたらされる、自民党内の流動化である。

圧倒的な党内最大派閥である安倍派は、そのリーダーを失い、複数による集団指導体制に移行すると見られている。しかし、求心力を失った派閥はもろく、「跡目争い」が内紛を招く可能性もある。それは過去の自民党の歴史が示している。

これからの派閥を主導していくのは誰か。そこに不満を抱く人間が現れないか。現れるとすれば、それは一定の勢力を持った固まりとなるのか、ならないのか。他派閥との関係性はどうなるのか。党内のパワーバランスはどう変わり、その変化の波は総裁である岸田首相にとって吉と出るのか凶と出るのか。
これらはいずれも「読み筋」と「駆け引き」の世界である。こうなってくると、よく永田町で言うところの「絵を描く」策士が登場する。

複雑に入り組んだ党内の人間関係を熟知し、その遠近を調整したり、仲を取り持ったりしながら、権力へと連なる大小の流れを作る人である。ややこしいのは、そうした人が複数現れることだ。それは政治家本人にとどまらない。かつてはここにカネが絡むことも多く、財界人が介在することも少なくなかったが、今はどうだろう。場合によっては現役の政治記者が、取材者というより当事者となって渦の中で暗躍するケースもあった。

つまりは、すべてが「プロ」による所業で政治が動いていく事態である。こうなると一般国民の目にはまるで届かない、完全な密室政治の世界となる。
実は、僕も政治記者の端くれだった時期があるので、この世界を取材するのは嫌いではない。むしろ、政治取材の妙味はここにあった。政局のキーパーソンをつかみ、描かれる「絵」を理解し、動きを追っていく。取材が的を射ていればその分、ニュース原稿は核心を突き、リポートの切れ味は鋭くなる。

かつてはこの手のニュースは関心を呼んだし、読み物もよく売れた。しかし、今は政界のゲーム、密室の中をのぞいてみたいという国民の欲求自体はどれほどあるのだろう。かつてほどの関心がないとすれば、密室化した政治は国民からますます遊離し、一方的なものになっていくのではと不安になる。

だから、僕は目に見える国会論戦に期待する。衆参とも、与党が圧倒的に有利な議席数を持つに至ったが、「国会は野党のもの」と割り切るくらいの懐の深さで、野党が挑む論戦を受けて立ってほしいと思う。政治が国民との距離を縮めるのは、結局はそれしか道がないと思うのだ。

今このコラムを書いている間に、東京・芝の増上寺では安倍元首相の葬儀が営まれている。しかし、政治に小休止はない。悲しみもつかの間、すぐに権力をめぐる攻防と、差し迫った政策課題がそこに待っている。

安倍晋三元首相のご冥福を心よりお祈り申し上げます。

五季の日本【2022年7月18日】

先日の番組の打ち合わせで、デスクのひとりが、「四季がある日本ではありますが、もうひとつ季節が加わったようで」と、まるで落語の口上のような発言をしていたので、今回のお題はそれを丸ごと借用することにした。

本音を言えば、お笑いタレントの小峠英二さんふうに、「なんて夏だ！」と腹から叫びたい気持ちである。まるで夏が長期化して分解したみたいだ。冬、短い春ときて、猛暑をセットにした雨季があり、次に本格的な夏が来て、短い秋を経て冬に戻る。かくして四季の国・日本は五季の国となったかのようだ。

特にこの梅雨から夏がしんどい。

確か、関東は6月に梅雨が明けたのではなかったか。その後の連日の猛暑をわれわれはよく戦い、節電要請にも賢く応じ、電力不足の危機も乗り切ったのではなかったか。

ところが、その努力の先に待っていたのは、往生際の悪い梅雨空であり、それもジメジメというよりは、大変なカンシャク持ちとしか言いようがない恐怖の雨雲だった。

あのとき「梅雨明けしたとみられる」と発表した気象台の担当者を責めることはできない。彼らの大きな責任のひとつは、これから先に予想される気象災害に対して注意喚起することにある。「梅雨明けしたとみられる」という宣言によって、われわれは「次なる敵は猛暑だ！」と心の準備ができるのであり、その意味であの、「梅雨明けしたとみられる」宣言は意味がある。

しかし、それにしても、梅雨が明けたと信じたのは人が良すぎた。

ここ数日の、ゲリラのような雨や雷や雹《ひょう》をどう見たらいいのか。浸水など、被災した方々がお気の毒である。うんざりするような敵の再来に僕もすっかり疲れてしまった。夏バテだ。いや雨季バテだ。

そもそも、こんな天気に誰がした。

「異常気象」が通年行事になったのは、地球温暖化が密接に関連しており、それは産業革命以降の、主に先進国の責任ということになっている。だからこそ、温暖化防止が世界的重要課題になり、各国ともようやく力を合わせてこの問題に取り組もうとしていたのではなかったか。

そこに、ロシアによるウクライナ侵攻が起きた。西側各国の制裁に対する意趣返しか、ロシアは天然ガスのバルブを絞って嫌がらせをしている。困った欧州各国は、代替エネルギーの確保に必死であり、環境先進国であるドイツですら、石炭火力発電の再稼働に踏み切っている。

温暖化ガスの排出削減には明らかに逆行するが、背に腹は替えられないというところだろう。

資源高や物流の停止の影響は世界に及び、各国、各個人が生活防衛に必死である。そうなるともう、地球温暖化防止という中長射程の課題は当たり前のように先送りになる。プーチン大統領は、ウクライナ国民に対してだけでなく、未来の世界に対しても、あまりに罪深いことをしたのである。


まったく、右を向いても左を見ても、空を仰いでも憂うつな日々だ。

動く気がしなくて、愛するわが家の家庭菜園も、しばらく手抜き状態が続いている。気候の良い春から初夏にかけては、野菜の生育を見るのがなにより楽しみだった。せっせと脇芽《わきめ》を摘み、雑草もこまめに抜いていたが、小さな菜園はいつの間にか暴力的なジャングルのようになった。キュウリもゴーヤもモロヘイヤも、シソもミニトマトもインゲンも、挑みかかってくるような気迫で成長している。目まぐるしく変わるお天気に刃向かうように、枝葉を伸ばしている。


写真を撮ろうと畑に出ると、東京にはギラギラとした真夏の太陽が照り付けている。

きょう（7月18日・7月の第3月曜日）は「海の日」でお休みなのだという。この「海の日」も、8月11日の「山の日」も比較的新しい祝日で、僕らが遊びたい盛りの若いころにはなかったので、どうもなじみが薄い。しかし、祝日の制定は慧眼だったかもしれない。間延びして激烈になってしまった今どきの夏への対応としては、休むか、むしろ楽しんでしまう方が得策のはずだからだ。

お休みではあるが、きょうも報道ステーションはある。そろそろ支度をして出局しなければ。そうしているうちに、気象速報が鳴った。

長崎県の壱岐《いき》・対馬《つしま》に「線状降水帯」の発生が確認されたという。積乱雲が帯状に連なって大雨を降らす、非常に危険な現象である。

この夏は間延びしているだの、もうバテただのと文句を言っていられない。報道の仕事の出番である。何とか今週も務めを果たそう。ジャングルと化したわが家の畑から、栄養豊富なモロヘイヤをたくさん収穫して、体調万全にして乗り切るのだ。

政治家たちが夢に現れた【2022年7月25日】

寝苦しい夜が続く中、妙な夢を見た。

村岡兼造《かねぞう》さんという政治家から電話が入った。小渕恵三首相が亡くなったのだと言う。追悼の特別番組を作るから、ずっと自民党小渕派担当の記者をやってきたお前が、制作を担当せよという命令だった。

「はい、もちろんです」と自信満々に僕は答えた。それにしても、小渕派の幹部である村岡氏はなぜか上司のプロデューサーとなっている。いかにも夢らしい。

番組には小渕さんをよく知る語り部に登場してもらう必要がある。早くアポを取らなくてはならない。夢の中で僕は思案した。

ここはやはり橋本龍太郎さんか。小渕さんとは同い年で、同じ派閥の盟友である。小渕さんの前任の首相を務めた通称「ハシリュウ」が適任ではないか。しかし、双方の胸の中にはライバル意識があったはずで、どうも生々しすぎる。

梶山静六さんはどうか。「大乱世の梶山」と呼ばれ、旧竹下派の分裂騒ぎのときは、小沢一郎氏（現立憲民主党）らを中心とする勢力と真っ向から張り合い、政界きっての「軍師」と言われた人でもある。

しかし、梶山さんは派閥を脱会して自民党の総裁選に立候補し、小渕さんと袂《たもと》を分かった。この人もまた、関係が複雑すぎる。

そうだ、この人がいた。野中広務《ひろむ》さん。京都の町議から府議、副知事、衆議院議員と階段を上ってきた叩き上げだ。ケンカ（殴り合いの方ではなく政治流の、である）にめっぽう強く、情に厚い。小渕首相には官房長官として仕え、関係性も抜群だ。

ああ、しかし、野中さんは先日亡くなったばかりだ。

どうしよう、これでは番組が成り立たない。もう時間がないと焦っているうちに目が覚めた。

しばらく、夢と現実の区別がつかなかった。しかし、あることに気が付いて落ち着いた。取材でお世話になったこれらの政治家たちは、もうこの世を去っている。一方で、妙に悲しくなってふと涙が出た。朝、起きて泣いている60歳のおじさんは、かなり異様である。

夢だから時間の経緯や脈絡がつながらないところがあるが、小渕さんをめぐる人間関係はそれなりに正確だ。

ちなみに、ここに出てきた政治家たちは、1992年、自民党最大派閥である「経世会（旧竹下派）」が、親小沢・反小沢で真っぷたつに分裂した際の、反小沢勢力の中心的な存在であり、小渕派の旗揚げにかかわった人たちだ。小渕派は一時、小規模派閥に転落し、影響力が低下したが、橋本、小渕と2代続けて総理・総裁を輩出し、一気に返り咲いた。僕はこの小渕派の誕生から最盛期までを取材した、若き政治記者だった。

亡くなった順で言うと、首相在職中に倒れた小渕さんが2000年5月。党の幹事長や橋本内閣の官房長官を務めた梶山さんが同年6月。小渕さんの前任の首相である橋本さんは2006年7月。党幹事長や小渕内閣の官房長官を務めた野中さんが2018年1月。そして、橋本内閣で梶山さんの後任の官房長官を務めた村岡さんが2019年12月だ。

僕がアメリカ赴任中に亡くなった橋本さんを除いて、ここに出てきた皆さんの「お別れの会」にはすべて参列させてもらった。そして、今朝と同じように涙した。

政治の取材とは、難しい政策の中身や、国会の仕組みを学ぶことばかりではない。むしろ、愛憎や信頼、離反といった人間の情を搦《から》めとる作業だ。一生懸命にやれば情報にありつけるという、単純な図式でもない。

どのような手段にせよ、相手の懐に入ることができれば、政治家はたとえ記者が若僧であっても信頼してくれ、壁を超えて人間関係を築くことができる。それこそが政治取材の醍醐味だ。

けさ、不思議な夢を見たのは、先週、凶弾によって安倍元首相を失った自民党最大派閥「安倍派」の、今後を占うニュースを取り上げたからだろう。主《あるじ》がいなくなり、集団指導体制の構築も難しく、同派は空中分解の可能性すら取り沙汰されている。悲しみの中でも新たな権力闘争が始まり、関係する政治家たちの思惑が交錯する。

だが、僕は今、永田町の現場に立つ記者ではない。むしろ、今後こうした難しい局面の取材に臨む若い記者たちのことを思っている。

思惑が渦巻く難しい局面に飛び込み、情報を取るのが記者たちの仕事であり、きれいごとばかりでは済まない。しかし、政治取材の面白さを知る格好のチャンスである。だから、思い切り触角を伸ばし、細心の注意を払い、勇気を持って取材してほしい。政治の、いや人間社会の本質に触れる、かけがえのない取材経験になるはずだ。バランスと客観性を担保するのは、上司であるキャップやデスクにある程度任せてもいい。

僕が、故人となってしまった過去の取材対象を思い起こして感傷に浸ったのは、そうやって躍動していた若い自分への懐古のなせる業《わざ》かもしれない。過去を美化しすぎているのかもしれない。だが、立ち止まってはいられない。僕は今もなおニュースの現場に立つ身である。共に切磋琢磨《せっさたくま》する若い政治記者たちにエールを送りたい。

ロジができない国はダメな国だ【2022年7月29日】

よく考えてみれば、今の状態は国家的危機なのではないのだろうか。

7月28日木曜、新型コロナウイルスの新規感染者が全国で23万人を超えた。東京都だけでも4万人超えで、いずれも過去最多である。かつてのデルタ株のように重症化率が高くないことは理解している。しかし、これだけの感染者が出れば、おのずと重症者も増えるわけで、ほとんどの国民が心の中に恐怖や不安を抱えるのは自然なことだ。

こんなこと、僕は60年生きてきたが、初めてだ。

国家的危機であることを「よく考えて」みないと気づかないのは、僕の感覚がどこか「コロナ疲れ」をしてしまい、鈍っているせいかもしれない。だが、どうもそれだけではない気がする。

ウイルスの侵入を防ぐのは無理な話であり、中国のような、いわゆるゼロコロナ政策をとるのは現実的ではない。ちょっと外出したからといって、白い防護服を着た警察官に有無を言わさずに詰問されるのはごめんだ。

だからこその「ｗｉｔｈ コロナ」であり、社会経済活動も回しながら、感染対策にも力を入れる。その必要性は、多くの国民が受け入れているところだと思う。

問題は、それが掛け声だけに終わっていることだ。つまりは「国の無策」としか言いようがない。諸外国の例を見れば、オミクロン株の亜種（今回の感染の主流となっているＢＡ・５など）の到来は予想できたことだ。だからこそ、「ｗｉｔｈ コロナ」は掛け声だけで済ませてはならなかった。

きわめて温厚な性格で知られる（?･）僕が、「国の無策」という強い言葉を使うのは、昨夜の放送で紹介した厚労省の対応に、あまりにも首をかしげてしまったからだ。かしげすぎて、翌朝、寝違えたかと思ったくらいだ。

厚労省は、各都道府県に対し7月25日に、コロナウイルスの抗原検査キットを配る約束をした。そのために1億8000万回分の検査キットを確保していると胸を張っていた。しかし28日現在、どこにもキットは届けられていない（その後、厚労省が27日に2県のみに送付していたと発表）。番組スタッフがその理由を厚労省に取材してみると、担当者は、配送業者と都道府県の間の調整ができずにいるなどと説明した上で、「批判されても仕方ない。申し訳ない」と答えたという。素直と言えば素直だが、裏を返せばお手上げ状態であることを認めている。

検査キットは、感染の疑いがある人がまずは自分で検査をしてみて、陽性かどうかを調べるひとつの手段である。そこで陰性となれば安心するし、発熱外来への過剰な受診の抑制につながるという狙いだ。厚労省は、都道府県の通知の中で、利用者へのキットの配り方は、各都道府県に委ねるとしている。一方で、ひとつの例として、病院の発熱外来にキットを用意し、そこで個人に配布する方法を示していた。

ちょっと待ってほしい。ただでさえ対応がひっ迫している発熱外来に、検査キットを求める人が殺到したらどうなるか。目的と真逆となってしまうことが想像できなかったのだろうか。

長い間仕事をしてきた人なら分かる。ロジがなっていない組織は根本的にダメだと。ロジとはロジスティクス（logistics）、軍事用語で兵站《へいたん》とか後方支援を意味する。そこから派生して、物ごとをスムーズに運ぶための段取りをしっかりと組むことを言う。立派なビジネス用語になっている。

日本という国は細かな目配りが得意な国で、ときに細かすぎて煩《わずら》わしいことはあっても、ロジには長《た》けている国だと、僕は勝手に信じ込んでいた。ところが、それは勘違いであることを知った。

こうなったら軽症者には受診を我慢してもらうしかない。それは、番組が取材した現場の医師たちの切実な声でもある。治療が必要な中等症や重症、または持病があって重症化しやすい人を診られなくなる恐れが大きくなってきたからだ。

「軽症者は受診を我慢してください」と言うのは、医師として忸怩《じくじ》たるものがあるはずだ。それはそうだろう。だから、受診抑制のためのある程度の基準を国が作ってほしいと、現場の医師たちは訴えている。しかし、国がそれに応える様子はない。

国は、このまま息を止めて、耳栓でもして嵐をやり過ごせば、いずれ波は収まるはずだという目算か。しかし、それではいけないというのが第6波の反省ではなかったのか。再び同じことを繰り返すことになるのではないのか。岸田首相や関係閣僚は、参議院選挙の応援で走り回るのも結構だが、すぐそばに来ていた感染再爆発にどれほど準備をしてきたというのか。

もはや知らんぷりも自治体任せにもできない。「ｗｉｔｈ コロナ」で行くことを決めた以上、社会活動を維持する前提となる「安心」のための政策を、矢継ぎ早に打ち出すべきだ。

岸田首相の「聞く力」は、聞いて飲み込んでしまう力ではないはずだ。現場の声に耳を傾け、即応してほしい。

リーダーシップという月並みな言葉を使うのは好きではないが、今はまさにその発揮のしどころなのだ。考えてみれば国家的危機なのだから。

期待されない日本【2022年8月6日】

ニューヨークの国連本部を訪ねてきた。5年に1回開かれる、NPT（核拡散防止条約）の再検討会議の取材だ。前回開催は2015年。今回はコロナ禍で2年延期されての開催だった。大事な会議だが、取っつきにくい印象があった。でも実際にこの目で見なければならないと思った。今回は特に大事なタイミングだからだ。

会議に先立つ7月29日午前、ニューヨークの空港から国連本部に直行し、取材パスを受け取って建物に入ると、ちょうどウクライナ問題についての安全保障理事会が開かれていた。意外なほど淡々と議事が進行している。残念ながらそこに出席している常任理事国のロシアは、自国の罪深い行いについて非を認めようとしない。そうして5か月余りが過ぎた。

安保理を終えた各国の代表を記者団が待ち受ける「ぶら下がり」スペースがある。そこでウクライナのキスリツァ国連大使を待つことにした。その場にいたのは、国連取材のベテランらしい米テレビ局の女性記者と僕のふたりだけだった。

雑談をして待つうちに、キスリツァ大使がやってきた。呼びかけると足を止めた。「NPT会議にどのような戦略で臨みますか？」と聞くと、彼は「具体的には担当の代表団の仕事ではありますが」と前置きをしながらも、「今回はとても大事な会議。ウクライナで起きていることは、フェアリー・テイル（作り話）なんかじゃない。本当の恐怖なのです」と言った。その声は、ウクライナ危機に世界が「慣れっこ」になっていくことを懸念しているようにも響いた。

ウクライナでの戦争でロシアのプーチン大統領が核兵器の使用をちらつかせ、「あの男ならやりかねない」という恐怖が世界を席巻している。それは「核兵器をなくしていこう」という理想とは全く逆の行動の引き金となり、「核には核で」という衝動につながっているかに見える。軍事的中立の立場を重視してきたスウェーデンなどが、NATOへの加盟を急いだのも、この巨大な西側の軍事同盟の核の傘に入ることを良しとしたからである。つまり、アメリカの核の傘で守られている日本と同じく、「核は役に立つ」という立場を選んだのだ。

日本は原子爆弾によって多くの人命が失われた唯一の被爆国だ。その日本は自ら核兵器を持つことを選択しない代わりに、米ソの冷戦下にあって、アメリカの核の傘に守られる道を選んだ。核の恐ろしさを身にしみて知る国が核を頼りにする現実が、戦後ずっと続いている。それでも日本はNPTという枠組みの中で、核保有国に対して核軍縮を働きかけることで何とか存在感を示そうとしてきた。

7年ぶりのNPT再検討会議に合わせて、ニューヨークには各国の代表団に加え、民間の団体も数多く訪れていた。僕はほとんど手当たり次第のようにしてインタビューをしたのだが、少々ショックを受けたものもあった。

核兵器の廃絶を目指す国際NGOの事務局長からは、はっきりと、「日本には期待していない」と言われた。それには訳がある。

前回2015年のNPT再検討会議は、核保有国と非核国との対立などで最低限の合意文書すらまとまらなかった。その後、非核保有国の熱心な働きかけが実り、将来的な核兵器の全廃に向けた「核兵器禁止条約」が国連総会で採択され、2021年に発効した。

しかし、米ロを中心とする核保有国をはじめ、日本のように核抑止力に頼る国も締結国には加わっていない。国際NGOの事務局長が「日本には期待していない」と言うのはそのことを指す。

安全保障の理想と現実の乖離《かいり》がそこにある。国連の場でインタビューした各国の外交官は、おおむね日本の立場を理解していた。スウェーデンと同様、NATO加盟を決めたフィンランドの高官などがそうだったし、核兵器禁止条約の締結と発効に尽力した中立国オーストリアの高官ですら、日本が置かれた立場には一定の理解を示してくれた。

しかし、それは職業外交官ならではの言葉でもあり、民間人はそうはいかない。

核兵器禁止条約の成立にも大きく貢献し、ノーベル平和賞を受賞したICAN（核兵器廃絶国際キャンペーン）の事務局長は、「被爆国の日本にはつい期待してしまうんですよね」とほとんどため息をついていた。裏を返せば、期待してもどうせ裏切られるのが日本だというわけだ。

僕もこれまで、理屈で物ごとを分かったつもりになってきた。だが、今回の取材を契機に、日本はやはり、堂々と核兵器廃絶の理想を語るべきではないかと思うようになった。

核兵器に守られていながら矛盾している？　確かにそうだ。しかし矛盾していてもいいではないか。日本はやはり核兵器禁止条約の締約国になるべきであり、岸田首相は来年2023年に開くG7広島サミット（第49回先進国首脳会議）で、堂々と核兵器廃絶を宣言すべきではないのか。

理想と現実は違う。だが、違うからと言って理想を語ることをためらうべきではない。世界のどの国を見ても、理想と現実が一致しているところなどひとつもないのだ。今回のNPT再検討会議が、前回に続いて合意文書なしで決裂すれば、この枠組みの存在意義すら土台から揺らいでしまう。まず高い理想から発して、核軍縮に向けた最低限の中身でも合意を確認しなければならないと思う。日本はそこに貢献する務めがある。

いつもより厳粛な気持ちになってこの文章を書いている。きょうは8月6日。77年前、広島に原爆が落とされた日だ。平和記念式典で、地元の小学校6年生の男女が「平和への誓い」を述べた。「自分が優位に立ち自分の考えを押し通すこと。それは強さとは言えません。本当の強さとは違いを認め相手を受け入れること。思いやりの心を持ち相手を理解しようとすることです」

　力ずくで「自分の考えを押し通す」ことに血道をあげる指導者たちは、この言葉をどう聞くだろう。しょせん人間とは愚かであり、そうした歴史を繰り返すものだと物知り顔をする人たちは、この言葉をどう聞くだろう。

「本当の強さを持てば、戦争は起こらないはずです」と小学生たちは訴えた。

　理想にも現実にも大真面目に向き合い、諦めない本当の強さを持たなければならない。

巨星墜つ【2022年9月4日】

旧ソ連の最後の指導者、ミハイル・ゴルバチョフ氏が8月30日に亡くなった。一報を聞き、「また8月だ」と思った。ゴルバチョフ氏にまつわる僕の記憶は、なぜか8月のイメージだ。

現職のゴルバチョフ大統領を直接見たことがある。1991年4月に来日し、首相官邸で海部首相との会談に臨んだ際のことだ。僕は官邸詰めの若い政治記者だった。官邸玄関でゴルバチョフ氏の到着を確認し、一挙手一投足を見届けるのが役割だったと記憶している。

ペレストロイカ（立て直し）とグラスノスチ（情報公開）によって、ソ連の疲弊した旧体制を変革し、自由や民主主義を取り入れた新たな連邦国家を目指そうとするゴルバチョフ大統領は、まさに国際社会のスターだった。わざわざ日本へ運び込んだのだろうか、ソ連製のがっしりした公用車で首相官邸に到着し、玄関ロビーの両脇に居並ぶ各社の記者に鷹揚《おうよう》に手を上げ、邸内に入っていくゴルバチョフ氏の姿は、ある種のオーラに満ちていた。

ゴルバチョフ氏の凋落《ちょうらく》はその4か月後、8月のことだった。ここで8月の記憶がつながる。

そのとき僕は夏休みを取り、郷里の新潟の海で子どもを遊ばせていた。ニュースを聞き洩らさないために手元には携帯ラジオがあった。スマホのない時代はそうだった。

そのラジオでニュースが流れた。「ゴルバチョフ大統領」「幽閉」「クーデターか」といった言葉に、背筋が一瞬寒くなるのを覚えた。何か時代を画することが起きたように感じた。同時に「夏休みを切り上げて、東京に戻らなければならないのか」という、ひどく現実的な思いが交錯した。

余談だが、僕の夏休みは大きな出来事に遭遇することが多かったように思う。

ゴルバチョフ氏来日の前年、1990年の8月にはイラクがクウェートに侵攻した。湾岸は一気に緊迫し、アメリカの武力介入へとつながる。今に至る中東の混乱の端緒《たんしょ》になったと言ってもいい。僕はこのときも夏休みで、帰省先の新潟から車に家族を乗せて東京に帰る途中、車中のラジオのニュースで一報を聞いた。世界を巻き込んだこの出来事は、日本が武力以外でどう国際貢献を果たしていくかの議論を激しく巻き起こし、僕はその取材に忙殺された。

もっとさかのぼると、NHK岡山放送局に所属する新人記者だった1985年8月、つかの間の夏休みでやはり郷里の新潟でくつろいでいると、御巣鷹山《おすたかやま》で日航ジャンボ機が墜落したという衝撃的なニュースが飛び込んできた。休みを続ける気分にもなれず、その日の夜行列車に飛び乗り、岡山に帰ったところ、生存者の家族が岡山にいることが分かり、すぐにその取材に奔走することとなった。

話を戻す。ゴルバチョフ大統領を幽閉したクーデターは失敗に終わったが、保守派の強い抵抗が顕在化し、ゴルバチョフ氏の権威は失墜した。一方、自ら巻き起こした変革の波は、自身の想定を超えた巨大な波となり、ソ連が崩壊した。ソビエトの連邦体制を維持したまま民主主義国家を作り上げるというゴルバチョフ氏の野望は挫折し、ロシアの初代大統領となったエリツィン氏へとモスクワの実権は移った。多大な混乱とともに。

冷戦終結の立役者にして核軍縮の旗振り役であるゴルバチョフ氏の評価は、西側では極めて高い。ノーベル平和賞も受賞した。しかし、ロシア国内では破壊者としての印象が強く、国民からは酷評する声が聞かれる。事はそう単純ではないようだ。

ゴルバチョフ氏が政治の表舞台を去ってから30年以上が経つ。ゴルバチョフ氏の挑戦が礎《いしずえ》となる形で、ロシアは、民主主義を標榜《ひょうぼう》する国家として再生の道を歩むようになった。しかし、その生みの苦しみの中で、ロシア国民は強い指導者を求めた。冷戦の「勝者」として振る舞う西側への不満がそれを後押しした。そうして表舞台に現れたのがプーチン氏だ。

時を経てことしの8月、僕は10日間ほどゆっくりと夏休みをとった。傍らには分厚い本があり、少しずつ読み進めていた。偶然にもそれは、最近日本語訳で出版されたゴルバチョフ氏の自伝。『我が人生』（東京堂出版）というタイトルだ。僕は夏休みが終わり、この本を読み終わろうかという中で、ゴルバチョフ氏の訃報に接したのである。勝手ながら、どこか運命的なものを感じた。

ソ連の時代を経て、ロシアという国家を生きてきたゴルバチョフ氏とプーチン氏は、似た価値観も持っていた。ふたりとも、クリミアをロシアが併合するのは理にかなっていると考えていたし、西側の軍事同盟であるNATOが東方へと拡大することに強く反発していた。

しかし、プーチン氏が独裁色を強めるにつれ、ゴルバチョフ氏は重大な懸念を抱くようになる。ことし2月のウクライナへの「特別軍事作戦」の開始直後には、即時停戦を求める声明を発表した。愛妻も母もウクライナにルーツを持つというゴルバチョフ氏にとって、ウクライナは同胞ではあっても、一方的に侵略していい対象であるはずがないからだ。

プーチン氏がそんな先輩を、うとましいと思ったかどうかは分からない。

ゴルバチョフ氏の逝去の翌日、プーチン氏は遺族に向けて弔電を送った。しかし、9月1日、ロシア大統領府は、プーチン氏がゴルバチョフ氏の葬儀に参列しないと発表した。

理由は、「職務上の都合」だそうである。

ゴルバチョフ氏の自伝をテーブルの上に置いておいたら、ネコのコタローが頬ずりをしていた。コタローの方がよほど「人間的」である。

夢を売るなら【2022年9月13日】

まったくもって、がっかりだ。

僕はスポーツが好きだし、その力を信じてもいる。だから、2020年のオリンピック・パラリンピックが東京で開催されると決まったときは、せっかくだから意義ある大会にしようではないか、と青臭く心に誓ったものだ。

テレビジャーナリズムができることは何かを考え、リオデジャネイロ、ロンドン、アテネといった21世紀に入ってからの開催都市を取材して回り、大会が残した「レガシー」を探り、その成功や失敗の原因を考えるドキュメンタリー番組も作った。

ところが、である。

東京地検特捜部の捜査によると、大会組織委員会の高橋治之元理事の身辺では、うしろ暗い多額のカネが動いていたようだ。前代未聞の贈収賄事件である。大会の公式スポンサーの選定をめぐり、紳士服大手や出版大手の首脳や幹部クラスが「高橋詣で」にいそしんでいたという。公式スポンサーになるには高橋元理事のお墨付きが必要だという「構造」になっていたのだとすれば、たちが悪い。高橋元理事は否認している。

コロナ禍で開催そのものへの批判も多かった大会。出場選手たちの苦悩も深かった。それだけに、大会後、やはり開催できて良かったという世論が各種調査で高まったときには、選手たちも胸をなでおろしたことだろう。ところが、それも今回の事件によってひどく泥を塗られた形になった。

それは、大会組織委員会の多くの元職員たちにとっても同じだろう。各省庁や企業からの出向者などによる寄せ集め集団だが、大会の成功というひとつの目標が彼らを結束させていた。その経験は今後にもつながると思う。しかし、彼らが将来、「あの東京大会で組織委員会にいまして……」と語るとき、胸を張ってではなく、どこか自虐の気持ちを含んで振り返るとすれば、それ自体が日本にとっての損失である。

僕もこの年になれば、夢の大会であるとか、平和の祭典という美しい言葉とともに、すべてがきれいごとで片付くとは思っていないし、開催決定のときもそうだった。

巨額の大会マネーが動くこと、開催経費はしばしば当初の見込みより膨れ上がること、新規の施設が大会後は維持困難になり、「ホワイト・エレファント」(負の遺産)として残ってしまうケースが珍しくないこと。いずれも大会前から分かり切っていたことだ。

正直言うと、大がかりなイベントには、ある程度のミソがつくことはやむを得ないとも思っていた。物ごとはすべて100点満点などあり得ない。だから少なくとも自分は、マイナスの部分に着目するより、大会がもたらす光を大事にしようと思った。

そこで自らスポーツ番組のキャスターに名乗りを上げ、アスリートが体現する肉体や精神の究極の魅力を紹介し続けた。パラアスリートたちが指し示す、多様性という社会のキーワードを伝え続けた。

もちろんそれが徒労だったとは思っていないが、テレビジャーナリズムに関わる者として、もっと批判精神があってしかるべきだったと後悔もしている。汚職事件が結果的に大会の成果をくすんだものにしてしまう前に、大会の構造的な問題に積極的に切り込み、不心得者が付け入るスキを、少しでも小さくする役割を果たせたかもしれない。

それにしても、夢を売るなら、もっと真剣に夢を売ってほしかった。

大会組織委員会の理事が、なぜ「みなし公務員」として収賄容疑の適用対象となるのか。それは公益のために、公金を使って大切な使命を任されているからだ。そのことを高橋元理事が自覚していなかったのであれば、あまりにお粗末だ。

高橋元理事は広告代理店の電通時代から、スポーツ事業の実力者だったという。贈賄側のある企業の幹部は、「話を持っていくには高橋氏しか窓口はなかった」と言った。だから非はないのだという言い分だ。

ずいぶん勝手な話だと思う。

スポーツ大会の開催や、選手の育成にはカネがかかる。そのカネを良き投資と考えれば企業側にもメリットがあり、スポーツ界と企業側が「ウィンウィン」の関係になることは決して悪いことではない。

しかし、その論理をオリンピック・パラリンピックという特別な大会にそのまま持ち込んだとすれば、やはり罪なことだ。平和の祭典であるオリパラの公益性を、全く無視している。

夢を売るなら、もっと真剣に売ってほしかったというのはそういうことだ。真剣に夢を売らず、商売に徹した「公務員」がふんぞり返っていたという構図。醜悪だ。


この週末、4歳の孫と一緒に山歩きに出かけた。峠にある駐車場から山頂までは直線距離にして約1キロ。往復しても数十分の短い行程だが、たっぷり2時間はかかった。4歳女児は意外と健脚で、決して歩くのが遅かったわけではない。彼女は山道でどんぐりを見つけるたびに丁寧に拾って歩くのである。これを植えて育てるのだと言う。

「名月を　取ってくれろと　泣く子かな」

小林一茶が詠んだ幼子に重なる。この山道に落ちているどんぐりをすべて拾うのは、月を取ってくるのと同じくらい夢のような話なのに、4歳児は決して不可能だと思っていない。

それに比べて大人というものは、全く邪気だらけだ。

今回の贈収賄事件でお縄になった人物たちも、こんな子ども時代があっただろう。なぜ人間は大人になると、余計な欲得や知恵ばかり身についてしまうのだろう。

もうやめた。この事件を考え出すと、愚痴ばかりになる。夢がなくなる。

テレビ屋スピリッツ【2022年9月18日】

この日、報道ステーションの放送に向けた昼過ぎの電話打ち合わせで、担当デスクは僕にこう言った。

「大越さん、きょうは腹を決めてもらいます」

デスクの意図は分かっていた。僕は短く「了解です」と答えた。

「腹を決める」とは、この日はエリザベス女王と心中するという意味だった。いや、心中という言葉は不穏当だ。寄り添う、というのもちょっと違う。とにかく、この日の番組を、エリザベス女王関連のニュースで貫こうというわけである。

9月12日、エディンバラから首都ロンドンに帰っていたエリザベス女王の棺は、住み慣れたバッキンガム宮殿から、テムズ川に近いウェストミンスター宮殿へと移されることになっていた。移すという言葉では物足りない、とにかく荘厳な葬送の列であり、ロイヤルファミリーも勢ぞろいだ。

沿道で市民が見守る1・8キロの道のりを38分かけて進む行程が、あらかじめ発表されていた。日本時間で夜10時22分に出発し、11時に到着する。報道ステーションの放送時間帯に、まさにドンピシャなのである。

もちろん、ニュース番組である以上、1時間余りの放送時間の中で、その日に起きた大事なニュースをできるだけ多く取り上げたい（実際、この日のトップには、東京五輪をめぐる汚職事件で、出版大手KADOKAWAの会長が逮捕されるというニュースを据えた）。

一方で、われわれはテレビ屋である。今まさにライブで起きていることを、プロの技術で伝えることこそ、テレビにしかできない仕事だ。そこで、冒頭のバッキンガム宮殿からの棺の出発、到着してホールに安置されるまでの一連の儀式を、ほかのニュースを挟みながら中継映像で伝え続けた。

遠い日本にあって、イギリス王室には興味がないという人だって少なくない。また、こういう日だからこそ、世論を二分している安倍元首相の国葬の問題を、十分な時間をとって伝えるべきだという友人もいた。ウクライナの続報や、為替と株の情報をもっと知りたかったという声もあった。

いずれも道理である。

女王の葬列について中継で伝える時間が増えれば増えるだけ、ほかのニュースは短くなるし、場合によっては項目から除外せざるを得ない。批判があれば甘んじて受け入れなければならない。だからこその「腹を決めてください」というデスクの一言であり、僕の「了解」という返答だったのだ。こうなればテレビ屋スピリッツ全開で突き進むしかない。

中継映像を見ながら、エリザベス女王の70年の君主としての足跡、同行するロイヤルファミリーの顔触れや葬列での配置など、映像に即してスタジオで解説を加えてもらった。ついこの前までロンドン支局長として勤務し、イギリス事情に精通するベテラン記者がちょうど東京に帰任したばかり。彼が解説者席に座ってくれたことが、番組にとっては大きな強みだった。

スタジオ展開はかなりをアドリブに頼らざるを得ない。ルートと時間は決まっているわけだから、葬列が何時にどの地点を進むかというのは地図上で計算すればだいたい分かる。しかし、目に飛び込んでくるものは見たことのないものばかりだ。

葬列につらなるファミリーの表情や距離感、衛兵の緊張、鳴り響く弔砲などの音声情報、棺を乗せた馬車を引く馬の黒毛のツヤに至るまで、これこそニュースではないか、と感じた。そして、この光景を伝えることは、ひとつの時代の節目を伝えることとイコールなのだと、僕は理解した。

ケースは違うが、実はNHKのキャスター時代にも、似かよった経験がある。その日のスタジオには、時の総理大臣がゲスト出演することになっていた。相応の時間を割く必要があった。

僕はと言えば、政治家はテレビカメラの前では慎重になりがちだし、判で押したような発言に終始するのではないかという懸念が先立った。「できるだけコンパクトにまとめようよ」と消極的な提案をする僕に、あるスタッフが反論した。

「現職の総理がそこにいる。その発言の中身がどうあれ、今そこにいる日本の最高権力者が、どのような表情で、どのような言葉を選ぶか、そこにあなたがどう突っ込むか。それこそ最高のライブニュースじゃないですか」

僕は深く納得し、結局1時間の放送時間のうち、45分を総理のインタビューに当てる結果となった。「そろそろしめて!」というカンペも目に入らず、生でのやり取りに没頭してしまった。予定していたほかのニュースは何本かがすっ飛んでしまった。

場所が違い、時差があり、環境が大きく異なっていても、地球上の僕たちは同じ「今」を生きている。「今」の積み重ねの中にニュース報道があり、その「今」そのものがニュースになることもある。

テレビ屋スピリッツが震える瞬間である。

「分断」なのか【2022年10月2日】

「分断された世論」というものは、そもそもどれだけ実態を表していたのだろう。僕たちは、「分断」という分かりやすい言葉に甘えすぎてきたのではないか。

安倍晋三元首相の「国葬」について思いを巡らせながら、僕はそう思った。

国葬当日の9月27日早朝、奈良へ向かった。目的地は奈良市の大和西大寺駅前である。安倍氏が命を落とした、あの悲劇の事件現場だ。

各種世論調査によれば、岸田首相が国葬を決断した直後は、国葬に賛成するという回答が多かったが、事件の背景に旧統一教会（世界平和統一家庭連合）の存在が浮かび上がると、反対が賛成を上回っていった。

手にした新聞の朝刊には「分断」という文字が躍っていた。確かに、世論調査では賛否が分かれてはいるのだが、僕にはモヤモヤしたものがあった。本当に「分断」なのか。

通勤時間帯を少し過ぎた大和西大寺駅前には、それでも結構な人通りがあった。日常の風景はこうなのだろう。ただ、安倍氏が凶弾に倒れたガードレール付近には、警察官の姿が見える。混乱を警戒してのことかもしれない。

すると、そこに花を持った老婦人が現れた。警察官と言葉を交わした後、不満そうな表情を浮かべながらきびすを返した。

「長年、総理大臣を務めてがんばった人。献花台くらい置いたらいいのに」とその女性は不満そうだ。国葬の日に合わせて大阪から花を手向けに来たと言う。「ちょっと、責任者は？」と警察にクレームをつけている。憤懣《ふんまん》やるかたない様子だ。

「それはそうと、国葬には賛成ですか」と聞いてみた。すると彼女はキョトンとした表情を浮かべて、「国葬くらい、やったらいいでしょ」と興味なさそうに答えた。

僕が大和西大寺駅前にいた2時間ほど、多くの人が何ごともなかったかのように現場を通り過ぎ、何人かが立ち止まり、祈りをささげて帰った。

少し遠くから静かに手を合わせる男性がいた。白髪のその紳士は、観光客に向けて平城京でガイドをしているそうで、事件当日、ドクターヘリが飛ぶのを見たと言う。

「奈良の人間として、安倍さんがこの場所で事件に遭ったことが、どうにも悲しくて、気の毒で」と言う。国葬への賛否を聞くと、男性は「そういうことは関係なく」と強調した上で、「あのような形で、この地で命を落とされたことが残念なのです」と繰り返した。

大和西大寺駅前で時間を過ごすうちに、実は国葬をめぐる「分断」云々を僕らが論ずるのは見当違いなのではないかとの思いが強くなっていった。

ネット上では、賛成、反対の双方が論陣を張り、互いを誹謗《ひぼう》し合うことも少なくない。しかし多くの国民は、賛否のどちらに近いかはあるにしても、「そういうこととは関係なく」死を悼んでいる。自分たちが分断されていると思うことなど、特にないはずだ。

急いで帰京すればちょうど国葬の時間帯に間に合うと、大和西大寺駅から近鉄特急に乗り、帰路についた。東京では、国葬会場の一般献花台から2キロ以上離れたJR四ツ谷駅あたりまで、人の列ができているという。その四ツ谷駅に着いて通りに出てみると、人々が静かに、本当に静かに列に並んでいた。ネット上の激しい論争も、シュプレヒコールも無縁だ。

花を持って並んでいた女性に聞いた。国葬への賛否はどうですか、と。するとここでも、僕にとってもうお馴染みの言葉が返ってきた。「国葬の是非とかではなく、あのような形で亡くなった安倍さんに、手を合わせたくて来ました」

前の方で、「そのとおり!」「同感!」という声がした。ステレオタイプな切り分け方をしがちなマスコミの一員として耳が痛かった。自分は国葬には反対だが、追悼の気持ちを表したいとやって来た人もいた。すべての物ごとには、グラデーションがあるのだ。

その日の報道ステーションでは、僕のみならず、現場に散ったリポーターやディレクターたちが集めた人々の声を、できるだけ多く使ってほしいと制作陣にお願いした。視聴者の皆さんにはどう届いただろうか。

翌日の新聞には、強弱はあっても、やはり「分断」が論じられていた。どこかむなしい気持ちになった。何だか場外乱闘を見せられているようにも感じた。

凶弾に命を落とした元首相を悼むために、あれだけの人たちが並んだのは自然な感情の発露であり、その意味で、国民的な葬送の機会が提供されたのは良かったと思う。しかし、弔意の強要だとか、国費の無駄遣いだといった批判が沸き起こったのは不幸なことだった。あえて閣議決定で国葬としたのは、やはり拙速だったのではないか。

死者を悼むことに過剰な演出を求める必要はないと、少なくとも僕は思う。

献花に訪れる人たちが列を作る通り沿いには、品物がすっかり売り切れてしまった花屋さんが苦笑いを浮かべていた。

「賛否が分かれて大騒動になりそうだっていうから、心配してそこまで花を仕入れなかったんだけど、見通しがくるったね。でも、やっぱり日本人は偉いと思う。みんな粛々と並んでいる。お客さんも、白とか薄いブルーとか、やさしい色合いの花を選んでいくんです」

国民の気持ちの最大公約数をうまく吸い上げる送り方があったとすれば、それはどういうものだったのだろう。静かに考え続けていく必要があると思う。静かに。

ニューフェース降臨！【2022年10月9日】

わが家のコタローが珍しく悪さをした。

僕のバッグに突然おしっこを引っかけたのである。すぐに洗って事なきを得たが、初めてのことだったのでびっくりした。どうしたことかとネコに詳しい人に尋ねたら、腑に落ちる答えが返ってきた。

たぶん、コタローはやきもちを焼いているのだという。

まだ息子たちが小さかったころから30年近く、わが家は犬もネコも人間も一緒くたになって住んでいた。そして、ことしの6月、最後の犬を見送り、家族は妻と僕とコタローだけになった。寂しくなったが、夫婦ともに60歳を超え、子犬や子猫を新たに飼っても、最期まで面倒を見られるかどうか分からない。そして妻は「絶対に飼わない！」と宣言していた。

しかし、そのわずか1か月後、神社の軒下でうずくまっていた三毛猫を、妻が引き取ってきた。「運命の出会い」だから仕方ないそうだ。現金なものだ。

夏にやって来た小さな雌猫だから「小夏」と名付けた。日本的な名前だが、顔つきはなかなかエキゾチックだ。

見るからに和風なコタローとは対照的である。しかも、家じゅうをひょんひょんと飛び回るコタローとは対照的に、小夏はとてもおとなしい。ほとんど動き回らないし、鳴きもしない。首輪のあとが残っているので、元は飼い猫だったのが捨てられたのかもしれない。人間を信用していないふうでもある。

しかし、わが家にやってきてひと月、ふた月が経ち、だんだんとなついてきた。しかも、エサやりをはじめあれこれと世話を焼く妻よりも、家ではほとんど役立たずの僕の方に寄って来る。滅多に声を出さないくせに、僕の前ではたまに鳴いてみせる。

小夏の場合、「にゃ〜ん」ではなく「な〜ん」と鳴く。

こうなると愛着が湧いてくる。気がつくと、僕は小夏の前に這いつくばり、「こなつー！」「こなちゅー！」「こなっちゃーん！」とかじゃれている。「な〜ん」と返事があれば大喜びである。我ながら、かなり珍妙な光景だ。

そのため、コタローのことがすっかりお留守になっていた。彼は、薄情で浮気な飼い主のせいで、ひそかにストレスをため込んでいたに違いない。だから僕のバッグに液状排泄物を放った。妻からは、「これからは小夏を可愛がるぶん、その3倍はコタローを可愛がらなければダメ」などと言われている。

きょうも小夏を可愛がっていると、2階からコタローが、「にゃ〜ん、にゃーん」と呼んでいる。遊んでくれと呼んでいる。大急ぎで階段を上がる。休日の僕はかなりのヒマ人だが、小夏というニューフェースが登場して以来、2匹のネコの間を行ったり来たりで結構忙しい。

考えてみれば、僕もニューフェースである。報道ステーションのキャスターとして2年目に

入り、この10月からは、これまでは休みをいただいていた金曜日にも登板するようになった。やや企画色を盛り込み、スタジオの展開やカメラワークも微妙に違うテイストを出す「金曜報ステ」にとって、僕は新人である。

初登板となった10月7日は、まさにカラフルな内容となった。

ノーベル平和賞の発表が行われ、人権活動に取り組むロシアとウクライナの団体、ベラルーシの個人に贈られることになった。プーチン大統領が強権的手法で目指す政治的野望の実現より、人権や平和的共存という普遍的な価値によって絆を紡ぐことが大切だという、主催者の強烈なメッセージだ。絶妙と言える選考に、僕はいつもよりコメントに熱が入った。

自分が取材に出かけるミニ企画も放送した。北朝鮮による中距離弾道ミサイルの発射で、Jアラートが発信されたのが4日の火曜日。どう行動すればいいのかと戸惑った人も多いだろう。「有事」が現実味を帯びる中、自治体は地下鉄の駅などを、相次いで「緊急一時避難施設」に指定しているが、おそらく周辺住民の中でも知っている人は少ない。そんな実態を取材し、スタジオで立ってプレゼンをするという経験もさせてもらった。

さらには、世界中に熱狂的なファンを持つピアニスト・藤田真央さんのスタジオ生演奏もあった。モーツァルトという作曲家が、こんなにも奔放でやんちゃであるとは思ってもいなかった。藤田さんによって導かれた新たな発見だ。

こんなふうにして、僕の金曜日デビューは、これまでとは一味違った空気感ができ上がった。スタッフの皆さんも、新番組のような緊張感で臨んでくれた。ストレスもあっただろうが、これでひとつ波に乗れそうだ。

帰宅すると、わが家のニューフェース・ネコの小夏が「な〜ん」と鳴いて迎えてくれた。僕もひょっとしたら鳴き方が変わるかもしれない。いつもの「にゃ〜ん」ではなく、金曜日には「な〜ん」と鳴くかもしれない。なんとなく。

ここで国会のお話をひとつ【2022年10月22日】

とても大事なことなのに、このところ、われわれ番組スタッフの間で、「どうもこの日の項目のアタマに持ってくるには弱いかな」とか、「目新しいテーマが出ているわけじゃないしね」、などという弱めの印象とともに語られてきたのが、国会のニュースである。

野党側の追及も迫力に欠けるし、政府側の答弁も紋切り型に終始するきらいがある。番組で取り上げても視聴者に関心を持って見てもらえるようには思えず、伝える僕の方も、「ここでちょっと国会のお話でもひとつさせてもらいます」とでも言うような、あるいは「恐縮ですがお時間を拝借しますね」とでも言うような、やや遠慮がちにニュースを紹介するようなところがあった。

ところが、この週は違った。10月17日の月曜日から21日金曜日まですべて、衆参の予算委員会の論議や、法案をめぐる与野党の協議など、国会のニュースが番組に「でん」と座り続けた。

この春から、報道ステーション専従となったあるニュースデスクが、「こんなこと、僕が報ステのデスクをするようになってから、初めてですよ」と感慨深げに語った。政治部の記者歴が長く、しんどい永田町取材に心血を注いできた彼にとって、政治ニュースが番組の表舞台に立つことは、それまでの努力が報われ、やりがいを感じることでもある。僕も政治取材は山ほどやった方なので、その気持ちがとてもよく分かる。

確かに彼の言うとおりの1週間だった。

旧統一教会に対し、初の「質問権」の行使による調査に踏み込むという、前例のない首相発言を分かりやすく解説しようと、演出に懸命に工夫を凝らした月曜日。首相がついに旧統一教会の解散請求を視野に入れたのかと思いきや、そうでもなさそうな発言に戻った火曜日。いや、やはり前言撤回、180度の答弁修正をして見せた水曜日。旧統一教会と「政策協定」と言えるような確認書を取り交わしていた自民党議員がいることが分かり、騒然となった木曜日。

そして、与野党が喧嘩ばかりしていても始まらないと、自民・公明・立憲・維新の4党が、被害者救済の法整備に共同で着手した金曜日。永田町は久しぶりにニュースの表舞台であり続けた。

だが、角度を変えて考えてみると、この1週間は、永田町に場所を借りての、旧統一教会のニュース一色だったとも言える。

悪質な霊感商法など、ずっと問題を抱えながらも、社会の意識の下に沈み込んでいたこの組織の存在が、まさかの安倍元首相の銃撃事件によって、一気に再認識されるに至った。マインドコントロールとは何か、信教の自由とは何かといった、人間の心の領域に関わる問題に政治がどう向き合うかが突き付けられたのだ。

この問題にアプローチすることがどれほど難しいかは、岸田首相の発言が大きくぶれたことを見ても分かる。ぶれたこと自体ほめられたものではないし、理論武装の弱さは、岸田首相を支えるスタッフのもろさを示す証しにも見える。政権の先行きに不安材料が加わったと見る向きもある。

ただ、この問題の副産物のようにして、与野党協議の場が立ち上がったことは前向きに受け止めてもいいと思う。

与野党協議、という言葉は、国会がいわゆる「ねじれ状態」だったときにはよく聞いた。与党が、例えば衆院で多数を占めていても参院では多数を占めていない状態では、単純に多数決で考えれば法案は成立しない。そこで野党の意見を聞く必要に迫られたのが「ねじれ」国会の特徴だった。それが、安倍政権以降、与党が衆参ともに安定的に多数を占めるようになり、与野党の対話がめっきり減っていた。与党の「おごり」もちらついた。

今回は、旧統一教会の問題で窮した政府・自民党が、野党にもすがらざるを得なかったというのが実態かもしれない。しかも、与野党の間にはなお意見の隔たりがあるし、与野党協議の行方は不透明だ。

それでも、被害者救済は急がなければならない。つまりは、与野党ともに真価が問われるということになる。

そこで、この1週間を改めて振り返ってみる。

政治も、われわれマスメディアも、旧統一教会に振り回された面はある。旧統一教会が抱える問題を知りながら放置してきた責任を、今になって問われていると言われればその通りだ。

一方でこんな声も聞く。国会ではもっといろいろな議論が行われている。物価高と円安に振り回される日本経済。中国や北朝鮮といった強権国家のリスクにどう向き合うかという安全保障上の問題。ウクライナ情勢も風雲急を告げており、国会ではこうしたことも連日取り上げられている。番組でももっとそうした国会論戦を紹介すべきではないか……。

それもまた然りだ。しかし、結果として、旧統一教会一色に政治ニュースが染まったとしても、そこにはやはり理由があると思っている。

そもそも人々の心の領域にどう向き合うかは、政治の本質的な問題なのだ。今回は旧統一教会という問題の多い宗教法人と、法人との深刻なトラブルを抱える人々の救済をめぐっての議論だが、もっと広く考えれば、内心の自由とは何かについて考え、政治がどこまで立ち入ることができるのかを議論する貴重な機会ともなっている。自由と民主主義を重んじる日本に住むわれわれにとっては不可欠なことなのだ。だとすれば、経済や安全保障という今日的な問題に優先してでも、番組で取り上げる価値はあるのではないか。

ちょっと大上段の議論になってしまった。やたらと難しい言葉を使い、力みかえっている自分に気づく。

でも、それくらい大事な問題と考えていることをご理解ください。

次回は、もう少し肩の凝らない話を書ければと思います。ウチのネコの粗《そ》相《そう》の話とか。あっ、それは前に書いたっけ。

寒椿【2022年10月31日】

10月25日。生放送のスタジオにいながら、こみ上げるものがあった。51年前に起きた「渋谷暴動」の被告の初公判を伝えるニュース。そのVTRの最後に紹介された一句である。

星一つ落ちて都の寒椿

ハロウィンの喧騒に代表されるように、若い人たちが楽しげに行き交い、外国人観光客が物珍しそうにカメラを向ける今の東京・渋谷からは、想像もつかない事件があった。1971年11月14日。当時の革命的共産主義者同盟全国委員会（中核派。警察が極左暴力集団に指定）が、東京・渋谷駅周辺で起こした暴動事件である。

佐藤栄作内閣による沖縄返還協定の批准をめぐって国会審議が行われる中、米軍が駐留し続ける内容に反発した中核派は、渋谷での反乱暴動を呼びかけた。そして渋谷はこの日、火炎瓶や鉄パイプで武装した若者たちと、盾を手にした警察の機動隊員たちとが激しく衝突する事態となった。

この暴動で、21歳の若き警察官が命を奪われた。新潟の佐渡島《さどがしま》出身。新潟中央警察署から派遣された機動隊員・中村恒雄さん（巡査。殉職後2階級特進）である。犯行に加わったひとりの証言によると、中村さんは暴徒に鉄パイプで激しく殴打された挙げ句、油を注がれ、火炎瓶を放たれた。残虐極まりない殺され方だったという。

事件の主犯格と目された大坂正明被告は２０１７年、46年に及ぶ潜伏の末に広島市内のアジトで発見、逮捕された。そしてこの日の東京地裁での初公判となった。

大坂被告は「無実であり、無罪です」と主張。弁護側は冒頭陳述で、「指紋やＤＮＡなどの物証はなく、客観的な証拠はない」と述べたほか、「被告は暴動に参加はしたものの、殺害の実行行為の現場にはいなかった」とした。

この日の初公判。東京地裁前では支援者たちが、「われわれは闘うぞ！　最後まで闘うぞ！」とシュプレヒコールを繰り返していた。闘う対象は何か。無実だからか。米軍駐留を認めた沖縄返還協定か。それとも、権力という巨大な壁そのものなのか。

公判を傍聴した井澤健太朗アナウンサーによると、傍聴席からは「大坂さんがんばれ！」という掛け声や拍手が起きるなどして、裁判官が制止する場面もあったという。大坂被告の意見陳述では、事件と直接的な関係のない政治的な主張も多かったそうだ。

1960年代後半から70年代にかけての日本は、学園闘争や街頭闘争が各地で繰り広げられた時代だった。

日本は高度成長期にあった。ベビーブーム世代の若者のエネルギーがあふれかえっていた。それは社会の経済成長の土台にもなったし、一方では日米同盟一本槍に突き進む当時の政権や、旧態依然とした大学運営への不満となって噴出した。

僕が幼いころに見たテレビ報道として記憶しているのが、1969年の安田講堂事件だ。東京大学のシンボル・安田講堂に全共闘の学生が立てこもり、警察の機動隊と激しく攻防戦を繰り広げた。闘争は全国の大学に広がっていた。

まだ小学1年生だった僕にはよく意味が分からなかったが、若さというエネルギーが止めることのできない奔流となり、時にそれは人命をも脅かすという現実だけは、胸に刻み込まれた。

渋谷暴動から半世紀余りを経た初公判は、そのときの記憶が呼び起こされるものではあった。だが、セピア色に変色もしていた。かつての闘士なのだろうか、東京地裁の前で声を上げ続ける人々は、高齢者が目立った。

僕がまだ駆け出しの記者として岡山県警を取材していたころ、ある中堅の警察官が、僕に語ってくれたことがある。自身もまた若き機動隊員だったとき、同僚とともに岡山から東京の大学闘争の現場に派遣された。そのとき、同僚の警察官は、学生からの投石によって重篤な傷を負ったそうだ。

「その理想がどれほど高邁《こうまい》なものかは分からないが、暴力は人の命を奪う。自分はあの暴徒化した学生を今も許す気持ちになれない」

警察官は危険を伴うことを自覚して任務に就いている。しかし、警察官という記号として生きているわけではない。渋谷暴動で亡くなった中村恒雄さんには、中村さんとしての人生があり、未来があったはずである。警察官なら襲われても仕方ないという理屈など通っていいはずがない。

星一つ落ちて都の寒椿

中村さんが殺害された場所に建てられた慰霊碑に刻まれた一句だ。事件の後、同じ新潟の警察職員が詠んだとされる。「星一つ」とは、巡査の階級章を表す。駆け出しの警察官として、巡査という階級で命を落とした中村さんを指している。

寒椿という言葉に惹かれた。寒椿は冬の季語だが、新潟の人には、椿という花に特別な感傷があるように思う。新潟県の県木は雪椿だ。作者は寒椿という季語に、故郷のイメージも重ねたのではないか。花弁がぽとりと落ちるような、命の不条理とともに。

僕も新潟の出身だから、そんな気持ちを抱いたのかもしれない。

胃袋で旅するアメリカ【2022年11月9日】

アメリカの中間選挙を取材し、中継でお伝えしたその足であわただしく帰国の途についた。いまニューヨークの空港で、羽田行きの飛行機を待っている。4泊6日の弾丸出張は、新鮮な発見と、昼夜逆転の時差ボケがごっちゃになってしまい、気分はハイテンションのままである。今回の一連のアメリカ取材では、少しばかりの挑戦をさせてもらい、それなりの達成感があった。だから、疲れもむしろ心地よい。もう少し、アメリカでの取材の余韻に浸りたい。そこで空港ロビーでこのコラムを書き出した。

上下両院の連邦議会議員や州知事などのかなりの数を（具体的には、などと言い出すと話がややこしくなるのでここでは割愛します）選出するアメリカの中間選挙は、記録的な物価高が続き、バイデン政権と与党・民主党への批判の嵐の中で行われた。

民主党劣勢、共和党圧勝の予想ではあったが、民主党の「負け方」は事前の予測ほどではないようで、バイデン大統領もぎりぎりの面目を保ったと現時点では言われている。むしろ、「どうだ、オレの力は！」と、圧勝してドヤ顔をしたかった共和党のトランプ前大統領の方が、苦虫をかみつぶしているに違いない。

選挙の本筋の話はこの程度にしておく。僕が少し興奮気味なのは、東京を発《た》つ前にさかのぼる。中間選挙をどのような視点で報道しようかという打ち合わせでのやり取りが発端だった。日本でのアメリカの選挙報道でよく見るのが、青をシンボルカラーとする民主党と、赤の共和党が、ひたすら自らの主張を繰り広げ、ネガティブ・キャンペーンも辞さない激しい戦いぶりだ。そこでは社会の分断が叫ばれていた。アメリカという国の将来はどうやら暗雲が漂っている、と感じさせる中身が多く、やはり説得力に満ちている。

だが、それにとどまらないアメリカがあるはずだ、という気持ちがどこかにあった。アメリカって、やっぱり大きくてパワフルですごい国だよな、という思いがある。僕も2005年から4年間、アメリカ駐在の経験があるが、いくつもの困難な問題を抱えながらも、強烈なエネルギーにあふれ、世界に君臨する国という印象が、脳裏には強く刻まれていた。よく見る選挙戦リポートではなく、まずはアメリカの素顔の一端を伝えたいと、僕はスタッフに駄々をこねた。

すると、番組デスクのひとりが「テキサスのバーベキューって、すごいんですよね」と、つぶやくように提案してきた。選挙にバーベキュー？「いや、あなたの言う、アメリカのパワーを感じるには最適な場所だと思うんですよ」。そしてデスクはテキサス取材に並々ならぬ意欲を示した。
よっしゃ、ここはひとつテキサスに飛んでみようじゃないか、ということになった。どこか特定の選挙戦に光を当てるわけではなく、まずはアメリカの巨大な胃袋に触れ、視聴者の皆さんに感じてもらおう。それもありではないか。

（おっと、搭乗時刻になりました。ここから先は機内で書きます）

そうして僕たち取材クルーは、アメリカ南部・テキサス州のオースティンという街に降り立った。時差ボケなんて気にしていられない。バーベキュー街道と呼ばれる、伝統的な肉料理を提供するレストランが並ぶ（広いので、並ぶという表現が適切かは分からない）一帯を訪ねた。その中でも老舗《しにせ》の人気店を訪ねると、土曜の昼間とあって、体育館のような規模のレストランに、日本の人気ラーメン店のように人が並んでいた。

取材を兼ねて食べてみた。本当のバーベキューとはこういうものかと驚いた。僕にとってバーベキューとは、網の上に肉や野菜を載せてジュージューと焼くイメージだった。ところが、この店によると、アメリカの伝統的なバーベキューとは、巨大な塊肉をじっくりと時間をかけて、低温で燻製《くんせい》にする過程が欠かせないとのことだった。

確かにうまい！　店のベテラン職人は、「ウチの肉は、塩と胡椒だけで食べてもらっています」と胸を張った。そして僕は、肉本来の味わいが、こんなにも深いものであることを、人生61年にして初めて知った。

ブリスケットと言われる肩回りの堅い肉が、この店の売り物だ。決して高価な肉ではなくても、長時間にわたる火加減の調節と、塩と胡椒による絶妙な味付けによって、極上の味わいに仕上がるのだ。

この伝統のバーベキューは、1人前でも相当なボリュームである。巨大な肉の塊に、老若男女、さまざまな肌の色を持つ人々。政治的な思想信条なども関係なく、とにかくすさまじい食欲でかぶりつく。いろいろな違いがあっても、バーベキューの前では同じアメリカ人だ。実際、お客さんにインタビューをしてみると、「胃袋は一緒さ！」という答えが返ってきた。

僕のようなおっさんが、肉をおいしそうに食べる映像など、ニュース番組の視聴者にとっては違和感があったかもしれない。しかし、普通の日本人にとって、「こりゃもうかなわん」と思わせる、アメリカの根源的なパワーのようなものは伝わったのではないか。そうであったと信じたい。

もちろん、今回の弾丸取材ツアーは、バーベキューを食らうだけで終わったわけではない。

テキサスからニューヨークに飛び、旧ソ連圏からの移民街を取材したことも、強く印象に残る体験だった。自由を求めて、あるいは独裁者による迫害を逃れてアメリカに渡った旧ソ連移民たち。彼らは今、かつての祖国で起きている戦争を複雑な思いで見ている。プーチン大統領は祖国をどこまで傷つければ気が済むのか。

陽気にわれわれ取材クルーに声をかけてくる人たちも、アメリカによるウクライナ支援をどこまで続けるべきかといった質問には、神妙に言葉を選んでいた。彼らは旧ソ連の人でもあり、今は自由の国、アメリカの国民なのだ。

多様性をはらんで疾走するアメリカ。今回の中間選挙もさることながら、2年後の大統領選挙には、あのトランプ前大統領の再出馬も現実味を帯びてきた。抜きんでた経済力と軍事力を誇りながら、政治は混迷の色合いが強まっている。民主主義国家群のリーダーとして、中国やロシアといった独裁色の強い国家にどう立ち向かうのか、不安は尽きない。

しかし、テキサスでバーベキューをほおばっていた若者はこう言った。

「確かに、アメリカは今、困難な時期にある。しかし僕らはきっと乗り越えることができますよ。アメリカは、これまでだってそんな危機を乗り越えてきたのだから」

僕はその言葉を信じたい。

飛行機が飛び立って約45分後。この原稿を書き終えた。

東京に帰って担当者に原稿を渡そうかと思ったが、そのときには、今の高揚した気分がしぼんでいるかもしれない。そんなことを考えていたら、キャビンアテンダントが、機内で使えるインターネットアクセスを教えてくれた。

飛行機の中でもネットが使えるとは、忙しい時代になったものだ。しかし、今回はありがたい。バーベキューから始まってアメリカ政治の近未来まで。話がとっ散らかってしまったが、今回は勘弁してもらおう。機内から送信させていただく。

そして、東京に着いたらすっきりとした頭で、その日の放送に備えたい。

晩秋あれこれ

【2022年11月23日】

夏野菜と言われるものの中にあって、ピーマンは長距離ランナーのエースと言ってもいいのではないか。家庭菜園歴30年近くを誇るこの僕にして、中身が空洞の、このひょうひょうとした感のある緑の野菜は、毎年、驚きの対象である。

11月も下旬に差し掛かるというのに、なおもがんばって枝を伸ばし、実をつける。

実はこのピーマン、苗を買ったときには「シシトウ」という札がつけられていた。大型連休のころに2株を植え、梅雨明けのころ、実をつけはじめたシシトウをせっせと採っては（ずいぶん丸みを帯びたシシトウだと思っていたのだが）炒めたり、煮びたしにしたりと重宝していた。

ある日、葉っぱの陰に「採り忘れ物件」を見つけた。ところが、これが実に巨大でツヤツヤとしていて、緑鮮やかであった。その日から、これはシシトウであるという認識を改めた。以来、2株はピーマンに昇格（？）することとなり、シシトウサイズでもぎ取られることは、もはやなくなった。

その成り上がりピーマンも、だんだん終わりに近づいている。草勢《そうせい》は衰えてきた。このまま萎《しお》れてしまうのも残念ながら時間の問題だ。元気者のこの夏野菜ですら、ひたひたと近づいてくる冬の前にはその役割が終わることを自覚している。

最近、気象予報士の眞家泉さんから、番組本番の気象コーナー中にクイズを出題されることが増えた。イチョウの黄色が鮮やかなこの季節、「イチョウという言葉の語源を知っていますか？」と質問が来た。絶句してしまった。

「大越さん、ほら、この形！」とヒントをくれたので、ひょっとしてこれは蝶の形に似ているのではと思い至り、「ちょ……、ちょうちょ。いちょうちょ、ですね！」などと、苦し紛れの回答をした。すると眞家さんは優しい眼差しで正答を教えてくれた。「イチョウはカモの足の水かきに似ていますよね。中国語で鴨脚と書いて『イーチャオ』、それが語源です！」って、眞家さん、それを正解しろというのは酷です。

悔しくて、数日後、本当にカモの水かきに似ているかどうかを確認しようと思い、神宮外苑のイチョウ並木を見に行った。

案の定、黄色く染まったイチョウの葉っぱを手に取ってみると、それはカモの水かきに似ていた。「イーチャオ……」と僕はむなしくつぶやいた。

外国人観光客がしきりにカメラに収めていた。自然の造形と、剪定《せんてい》にあたる職人技の絶妙のコンビネーションと言っていいのだろう。枯れゆく前の一瞬の輝き。それは次の若葉への長いバトンタッチへの始まりだ。


若いころは春が好きだった。何もかもがエネルギッシュに感じられたからだ。新潟で育ったせいもあり、厳しい冬に向かう秋は好きではなかった。

先週11月15日、新潟市の中学1年生だった横田めぐみさんが拉致されてから、ちょうど45年が経った。同じころ、僕も近くの高校の1年だった。ただそれだけの理由で、僕は朝から新潟の海岸に出かけた。


久々に見る11月の日本海は、思いのほか穏やかだった。空からは太陽がのぞいていた。それでも、この季節の日本海は青を映し出すのが苦手なのだろう。悲しげな鉛色の海原が広がっている。

拉致されためぐみさんは、この海岸のどこかで小舟に押し込められ、連れ去られた。どれほど怖かっただろう。知らない国での生活はどれほど困難を極めただろう。そして、両親からも友だちからも引き離された日々は、どれほどつらかっただろう。

3日後、北朝鮮が大陸間弾道ミサイル「火星17」を発射した。後日、その成功を誇示するかのような映像が公開された。この映像には、金正恩《キムジョンウン》総書記と、驚くべきことに、実験現場に同行したとされる少女の姿があった。

怒りが沸いた。最高指導者よ、あなたにもその年ごろの娘さんがいるのであれば、奪い取られた親の気持ちが想像できないはずはない。なのに、なぜ拉致事件を放置できるのか。知らないわけがない。亡くなった横田滋さんの涙を。老いてゆくからだを引きずるようにして「娘を返してほしい」と訴え続ける横田早紀江さんの姿を。

何かと心が乱れる晩秋である。

齢《よわい》を重ねてからは秋が好きになった。東京は新潟ほど冬が厳しくないからかもしれない。実りをもたらし、やがて葉を散らしていくこの季節の風情に、年齢の方が近づいていく。

だが、世情はあまりにも厳しい。北朝鮮、ウクライナ。いずれも予断を許さない。G20などの外交ウイークの中で、米中や日中の首脳が久々に対面で会談し、互いの呼吸を知り合ったことが、救いになればいいのだが。

さあ、きょうもしっかり伝えなければ。大きく深呼吸し、スタジオに入る日々である。

勝利に貢献しました！【2022年12月2日】

全然、眠くない。

今、12月2日の午前6時過ぎ。サッカー・ワールドカップのグループリーグ最終戦。日本が強豪スペインを相手に2対1の逆転勝利を挙げ、決勝トーナメント進出を決めた。素晴らしい勝利だ。ブラボー！

試合開始は、カタールの現地時間の1日午後10時。日本時間では2日の午前4時というしんどい時間帯でのキックオフだった。なんでこんな時間に……サッカー先進国であるヨーロッパの皆さんのゴールデンタイムに合わせたのかよ、などとぼやきつつ、しかし、仕事の上でも個人の楽しみという意味でも、やはり僕はこの試合を生《なま》で見なければならなかった。

前夜の報道ステーションの終了が夜11時過ぎ。帰り支度をし、簡単に翌日（つまり、今日である）の打ち合わせをして、帰途に就いた。そして時刻は0時前。「今からすぐに寝れば、4時前に目覚ましをかけても4時間は眠れる」と冷静に判断した。眠りと観戦のベスト・バランスを慎重に考慮しての結論である。

しかし、人間というものはそう都合よく眠れるものではない。しかも、仕事を終えたばかりのこの時間はまだアドレナリンが残っていて、スイッチを切るようにして眠りに落ちることは難しい。

なるべくスムーズに眠るにはどうすればいいか。熟慮の結果、まずは、部屋のテレビをつけないことにした。普段はリラックスするために、仕事の後は深夜のバラエティを見たり、ネットの動画を見たりするのだが、心の平静をいつもより早く取り戻すためには、視覚や聴覚を刺激することは避けたいところだ。

普段は考えられないルーティーン・チェンジ。こうした試みを決断すること自体、この僕も日本代表の戦いに加わっていると言えるのではないか。サムライブルーが目に染みるぜ。


いやいや、そんなことを考えて興奮すべきではない。

アルコールの助けを借りて、少々難しめの本を手に取ってベッドに入った。スマホのアラームを午前3時50分にセットして。

しかし、目が字面を追うだけで中身が頭に入らないばかりか、眠くもならない。

そこでもう少しアルコールの助けを借りたが、これが度を越すと、寝過ごして試合を見ることができないという最悪の事態に陥りかねない。もう一杯、と行きたくなるところをぐっと我慢し、電気を消してしっかりと目を閉じた。

なかなか眠れなかったことだけは覚えている。浅い眠りだったが、それでも2時間程度は眠ったはずだ。アラームが鳴る20分前にはバッチリ目が覚めた。こちらの気合はもう十分だ。

椅子に座って足を伸ばすといういつもの姿勢で、腕を組み（さすがアルコールにはもう手を出さず）、テレビ画面に見入る。だが、残念ながら前半、日本は見せ場が少ないまま、1失点を喫して折り返した。

焦りが募った。ああ、僕にできることはないのだろうか。

森保一《もりやすはじめ》監督は後半、メンバーチェンジをしてくるはずだ。そこで僕もひとつ、チェンジをすることにした。椅子に座っていた姿勢をやめて、ベッドに横たわりながら後半戦を見ることにしたのである。僕はすでに興奮状態にあり、横になったとしても眠る心配はない。狭い僕の部屋でできることは、絶叫することではなく、心の中で叫びながら、小さなルーティーン・チェンジに挑むことなのだ。

そして、何ということだ！　この試みはさっそく功を奏した。

堂安律《どうあんりつ》選手のミドルシュートが炸裂して同点に追いついたかと思うと、三笘薫《みとま》選手の必死のセンタリングから田中碧《あお》選手がゴールに押し込んだ。あっという間の逆転劇だった。ベッドの上で、思わずガッツポーズをとった。

よし、これでいける。実は、ベッドに横たわって腕枕をしながらテレビ画面を見る姿勢は、この部屋のベッドとテレビの位置関係上、長く続けるのはかなり大変なのだ。だが、この姿勢をほんのわずかでも変えるわけにはいかない。意地でもこの姿勢で行くのだ。トイレにも行かないぞ。しんどいけど。

ところが、ほどなく気になる情報が入ってきた。同時刻に行われたドイツ対コスタリカの試合で、コスタリカがドイツを2対1で逆転したらしい。僕は瞬時に脳みそをフル回転させた。もしコスタリカが勝利して勝ち点を6とした場合、日本はスペインと引き分けると勝ち点4でスペインに次いで3位となり、決勝トーナメント進出はかなわなくなる。

ドイツがコスタリカに負けることはないだろうとタカをくくっていた。だから、日本は引き分けでも決勝トーナメントに進むことができそうだ、などと甘い計算をしていた。そこにはもうひとつの罠があったのだ。

僕は自分を恥じた。引き分けではだめだ。勝たなければならないのだ。一瞬の安堵も許されない。これがワールドカップの現実だ！

そこで、僕はまたもルーティーン・チェンジをすることを決意した。ベッドを離れ、やはり椅子に座ることにしたのである。やっぱり、椅子に座って、足を伸ばして見る方が楽だなあ。と、思う間もなく、ドイツはコスタリカを瞬く間に逆転してしまった。そうなると、勝ち点争いはどうなる？　ドイツが勝って日本が引き分けると、今度は得失点差？　頭が混乱した。

難しいことは抜きにして、要は勝つしかないのだ。気持ちがサムライブルーに染まった僕も、椅子に座って楽ちんだ、などと言っている場合ではないのだ。

姿勢を正して必死にゲームに目を凝らす。

そして、日本はとうとう、7分という長いアディショナル・タイムをしのぎ切って、見事に勝利した。文句なし、グループリーグ1位での堂々の決勝トーナメント進出である。

雄叫《おたけ》びを上げそうになった。しかし、朝6時前に絶叫して近所迷惑になってはいけないと、瞬時に冷静な判断を下し、小さなガッツポーズに留めた。


さあ、二度寝しよう、と思ったが、アドレナリンがあふれ出て眠れそうにない。ということで、このコラムを書き始めたというわけである。

ここまで読んでくださった皆様、未明のおじさんの小さな戦いの記録にお付き合いくださり、ありがとうございます。アドレナリンが収まって、ようやく眠くなってきました。


朝7時を回った。朝食をたっぷりとって、眠るとしよう。すっきりとした顔できょうの報道ステーションに臨もう。きっと日本勝利の舞台裏を詳しく伝えることができると思う。

あれ？　このコラムは「報ステ後記」という題名が付いていたはずだ。これじゃ「報ステ前記」だ。でもまあいいか。日本代表、おめでとう！

インタビューのおもしろさ【2022年12月11日】

ちょっとした成功体験だった。

ワールドカップでの輝かしい戦績を残して、サッカー日本代表が12月7日夜、帰国した。ありがたいことに、森保一監督が生放送で報道ステーションのインタビューを受けてくれることになった。成田空港近くのホテルの一室を借りて、中継を結んだ。

インタビューは滞りなく進んだ。滞りなく、などというのは段取りめいていて失礼か。森保監督は誠実に代表の戦いを振り返り、心を込めて応援したファンに感謝の気持ちを伝え、熱く日本サッカーの可能性について語ってくれた。

予定時間をややオーバーし、そろそろお疲れの森保監督をお帰ししなければというタイミングになったとき、僕は最後の質問を発した。

「もし、日本サッカー協会から、代表監督を続投してほしいという要請があれば、引き受けますか？」

森保監督の答えは明快だった。

「はい」


これでインタビューにマルがついた。

番組終了後、プロデューサーがやってきて、「グッジョブ！」とでも言うように親指を立てて見せた。ネット上ではすでに、「森保監督続投へ」というニュースが駆けめぐっていた。

それにしても……と僕は思った。

帰国後、森保監督は報道各社との記者会見に臨んでいた。その様子を僕も見ていたが、森保監督の今後についての質問は出ていなかった。なぜだろう。

ひょっとしたらサッカーを専門にするスポーツ記者などにとっては、続投は既定路線だったのかもしれない。実際、森保監督はこれ以前の記者会見などでも、一般論としてだが、監督業の魅力を語っていた。だから、「玄人《くろうと》」の記者たちにとっては、あえてその質問をするのは「素人」くさい所作であり、はばかられたのかもしれない。単なる想像だが。

実は、永田町で政治記者をしていたころ、僕は何度か苦い経験をしている。自分を含めた古株記者たちが政治家を取り囲み、最後の決め手の言葉を引き出そうと、神経戦を展開している間に、ぽっと入ってきたどこかの社の新人記者が素朴な質問をぶつけ、意外にも政治家の側もあっさりと答えを発する、という場面だ。何でも知っているはずの古株記者たちがびっくりし、慌ててデスクに電話をかけに走る、というような場面は確かにあった。

いや、今回の記者会見がそれに似たケースかどうかは知らない。あくまで想像である。とはいえ、代表監督を続投するという明確な意思表示が、報道ステーションでのインタビューで行われたという事実は残った。たとえ素人のまぐれ当たりだったとしても、こういうクリーンヒットは気持ちがいい。

メディアにとって、取材対象との間での地道な信頼関係の積み重ねが大事なことは言うまでもないし、それが結果としての特ダネにもつながっていく。

ところが、経験値だけが役に立つというものでもない。取材というものはつくづくタイミングや運に左右されるのだなあと改めて実感する。森保監督とは初対面である僕のインタビューが、いわば決勝ゴールのアシストとなった偶然は、僕をときめかせた。

ことしもあと3週間を切った。何か面白いことが起きないものか。僕は高揚している。

ワールドカップはベスト4が出そろった。アルゼンチン、クロアチア、フランス、モロッコ。モロッコはアフリカ勢としては初の準決勝進出だ。

そして、クロアチア！　日本戦に続いて、あのブラジルをPK戦で破ったのだ。おそるべき精神力の強さ。クロアチアがあるバルカン半島は、昔から「ヨーロッパの火薬庫」と言われ、民族紛争に大国の思惑が入り交じり複雑な歴史をたどった。旧ユーゴスラビア連邦の崩壊以降はなおのこと、民族間の争いは激化し、背番号10を背負うチームの柱・モドリッチも、残酷な戦いの中で少年時代を過ごしたひとりだ。

がぜん、興味がわいてきたぞ。モドリッチの足跡をたどりつつ、クロアチアが背負ってきた苦難の道のりを探り、平和の意味を考える。そんなロケができるかもしれない。えーっと、クロアチアの首都ザグレブは、どの空港でどう乗り換えれば行けるんだろう。あす出発すれば到着は……。

でもちょっと待て。海外ロケというものは思いつきでどうにかなるものではない。スタジオを留守にするにはそれなりの理由と番組スタッフの合意がいる。「具体的なプランはあるんですか?」と、チーフ・プロデューサーにぎょろりと睨まれればひとたまりもない。ここは気持ちを落ち着かせるとしよう。

でも、ほぼ妄想に近くても、考えるだけで気力が湧く。あすからまた頑張ろうと思える。そんな日曜の夜である。

雪降る夜に政治を考える【2022年12月18日】

「し〜んしんと降ってるわ……」

今は12月18日、日曜日の夜である。新潟に住む老母はこの日の雪をそう形容した。海からさほど遠くないわが実家は、同じ県内の山沿いの地域に比べれば雪は少ない。それでも新潟で育った人間なら、積もるときの雪の降り方が分かる。「し〜んしんと」降るのである。

「こんなに雪が降るのは、この時期にしては珍しい」とも母は言った。

本格的な冬が一気に到来した。年内に収まらなかったいくつもの問題を、積雪の下に黙らせるようにして。


岸田首相が年内に収めようとしながら果たせず、彼にとって画竜点睛《がりょうてんせい》を欠く結果となったのが、防衛力整備のための増税だ。

政治は難しくてよく分からない、とよく言われる。それでも、国民にじかに響くテーマはいくつもある。その代表格が税金だ。しかも、今回は防衛という、命に直接かかわる問題に結びついた。どうあっても無関心ではいられない問題だ。

ところが、この問題はあっという間にやってきて、あっという間に去っていった。

国民の側からすると、分からないことが重なりすぎた。

岸田首相が、防衛力増強の財源として増税を行う考えを示し、国債を発行する可能性を否定したのは10日の土曜日。それを受けて自民党の税制調査会で賛否入り乱れての大議論が行われた。

結局、わずか1週間で慌ただしく議論はまとまった。だが結論は出なかった。まとまったけど結論は出なかった？　どっちだ。まずそこが分かりにくい。

自民党税制調査会でまとまった中身とはこうだ。

ザックリ言うと、「増税はします。ただ、その時期はまた話し合って決めましょう」ということである。もう少し詳しく言うと、法人税とたばこ税を上げ、東日本大震災からの復興のための特別所得税を前借りする形で防衛力整備のために「転用」することになった。しかし、いつからそれを実施するかは決められず、先送りとなった。

政府・自民党はそれでシャンシャンと手を打った。党内にある賛否両論のざわめきの上に、冬のドカ雪を乗せて見えなくした。すると、16日の金曜日、今度は防衛三文書なるものが閣議決定された。なんだろう、この順番は。

この三文書というのは、またもザックリ言うとこうなる。中国や北朝鮮やロシアといった国がどんどん怖い方向に進んでいるから、日本の防衛力も強くしなければならない。今やミサイルがどこから飛んでくるか分からないので、迎え撃つだけでは足りない。相手が撃ちそうなときは、先に相手方をたたいてしまおう。そんな能力を持てるようにしよう。それに新手のサイバー攻撃への備えも大事になる。となると、防衛費は現行の1・5倍は必要だ。その線で進めるからよろしく、という内容である。

改めて、どうにもこの順番に違和感を覚える。

論理的に考えれば、大きな流れとしては、本来こうすべきではないか。

①政府としては、安全保障環境が厳しいので、こういうふうに防衛力を整備しようと思います。

②そのためにはこれくらいの財源が必要です。いろいろ切り詰めますが、増税が必要なので詳しく議論します。

③議論の結果、こういうふうに増税をしたいと思います。皆さんに信を問います。

ところが、この1週間の流れを見ると、②の「増税をしたいので党内で議論します」から入って、③で先送りの結論しか出せず、①に戻って、増税の理由である防衛力整備の方針はそもそもこれだったので閣議決定します、ということになってしまっている。

これで国民に理解されるのだろうか。それとも僕が鈍いだけなのだろうか。

岸田首相はじめ自民党執行部に言わせれば、この夏の参院選でもいわゆる「反撃能力」（敵基地攻撃能力）の保有を含め、防衛力の抜本的強化を図ることは公約として掲げているので、批判は当たらないということになるのかもしれない。

しかし、それだけではいかにも荒っぽい。参院選に勝利したからといって防衛政策について国民から白紙委任を受けたというわけにはいかないだろう。また、防衛増税の論議を年内に決着させると言いながらそれを先送りにし、一方で、そのことは脇に置いて防衛の大方針を閣議決定するという段取りは、納得しろという方が難しい。


余計なお世話かもしれないが、岸田首相は実は最大のチャンスを失ったのではないか。防衛力強化の内容について国民に丹念に説明し、増税の必要性を正面から訴える。税という国民にじかに響くテーマが、国民の命にかかわる防衛の問題と結びついているのだ。まじめに正面から訴えれば、賛否は別にせよ、まじめな国民は正面から反応するはずだ。

その中から丁寧に最良の答えを紡ぎ出せばよかったのにと思う。リーダーとして選ぶべき道の順番は、またも途中から混乱した。

さらに言えば、自民党議員も、地元に帰って、あるべき防衛力の整備と国民の負担について、この際、もう一度有権者と真正面から向き合ってはどうか。増税に賛成の議員も、国債で賄えばいいのだという議員も。一切の予断を捨てて。

税制をめぐる議論の中で、はてなと思う発言があった。「われわれ国会議員に分からないことが、一般国民に分かるはずがない」

本当にそうだろうか。実は国民の方がよく分かっていることだってあるかもしれない。

われわれ有権者の側も、一人ひとりがきちんと考えを組み立てていく必要がある。ロシアは相変わらずウクライナを侵攻し、北朝鮮は核とミサイルの実戦配備の段階に移行しつつある。現実は厳しいのだ。

子どもや孫の世代から、「あの世代の怠慢がすべての原因だ」と、のちのち恨まれることがないように。冬の寒さに閉じこもって、「政治は難しいから」と黙り込んでしまってはならないのだと思う。

第4章

立体的に報じる

2023年1月〜6月

帰り道【2023年1月15日】

「帰り道、間違うてかわいそうやね」

大阪湾で息絶えたマッコウクジラを見ながら語った初老の男性の言葉には、万感がこもっていた。男性はこうも言った。

「われわれ（人間）も一緒……」

動物にとって、戻るべき場所を見失うということは、すなわち死を意味するのだろう。

「淀ちゃん」か「ヨドちゃん」か。どう表記するかは別として、日本中の人たちが目を凝らした存在だった。

全長なんと15メートルのマッコウクジラ。大阪の淀川河口という、大都会の玄関口にやってきた巨大な哺乳類。人間も顔負けかもしれない知性の持ち主。

しかし、生き物である以上、死ぬときが来る。まさか自分の死にざまを、日本という国に住むたくさんの人間が見守ることになろうとは、本人（？）もさすがに予想していなかっただろう。

「淀ちゃんという呼び名までついてしまったから、なおのこと切ないニュースですね」と、報道ステーション金曜日担当の板倉朋希アナウンサーは言った。

そうなのだ。それくらいの愛着を持って、人々はその動静を見守った。

現代社会の都市住民は、生き物の生死の場面に遭遇する機会が減ったと言われる。魚の切り身を見て、お頭も尾ひれもある魚の姿を想像できない子どもだって少なくない。

しかし、よくよく考えれば、生きることは死ぬこととセットだ。同じ生き物である人間が、そのことに鈍感であっていいはずがない。

そんな人間の横っ面を張るようにして現れたのが、巨大な迷子クジラだったのだ。

1月9日のことである。法律上は18歳が成人でありながら、慣習として20歳の晴れ着姿が街にあふれるどこか不思議な祝日に、このクジラは現れた。

盛んに潮を吹く姿は壮観だった。映像を見て胸が躍った。大阪湾沿いには、たくさんの見物人が訪れた。

ところが、専門家の見方は楽観的なものではなかった。

マッコウクジラは、400メートルほどの深さの海で、イカなどを捕食して生きるという。群れを作るのが一般的だ。それなのにこのクジラ君は、たった1頭で、干潮時には水深わずか

2メートルになる大阪湾に迷い込んだまま、その場にとどまっている。

体調は芳《かんば》しくないだろう。体内にため込んだ脂肪で、1か月程度食べずに生き抜くことは可能だが、その間に元の深海に戻っていくかどうかは不明。いや、むしろ死期を悟って、浅瀬に身を横たえているのではないか。そんな見立てが相次いでいた。

おもしろうて　やがて悲しき　鵜舟《うぶね》かな（松尾芭蕉）

情緒豊かな長良川の鵜飼いを詠んだ一句だ。鵜匠に操られ、魚をくわえてきては吐き出す鵜の悲しさと、そうして獲った魚を食べて生きる人間の悲しさが染み入る句である。

勢いよく潮を吹くマッコウクジラの姿に喝采を送りながら、その行く末を思えば、そこにあるのは悲しさだ。そのクジラを面白がる自分たち人間という存在も、ある種の悲しさを帯びている。芭蕉の句に通ずるのはそれだ。


クジラが淀川河口に迷い込んだ理由は分からない。ただ、番組の取材チームによると、大阪湾はこのところ海水温の上昇が見られ、魚種にも変化があったと地元の漁師が証言しているという。これまではなじみのない魚たちが大阪湾にやってきて、それを獲物にしようと追ううちに、クジラは湾の浅瀬に乗り上げたか。

人間は自然環境を勝手に大きく変えてきた。もし、人間の営みの結果としてクジラの悲劇が生まれたのだとすれば、私たちはそこに何を思うべきなのか。地球の主として君臨する罪深い生き物として。

番組デスクのひとりが、小首をかしげてつぶやいた。

「迷子になったのはクジラなのかな。むしろ人間の方かもしれない」

ふとした一言。同僚たちは、「ずいぶんしゃれたセリフを……」とはやし立てそうになったが、すぐに同様に考え込む顔つきになった。

確かにその通りだ。帰り道が分からなくなっているのはクジラだけではない。クジラは人間の写し鏡。ひょっとしたら帰り道に迷ってしまったのは、生き物としての原点すら分からなくなってしまった、われわれ人間の方なのかもしれない。

「いじげん」の対策【2023年1月23日】

1月4日の岸田首相の年頭会見で、「異次元の少子化対策」という言葉が初めて出てきたときはぶったまげた。「異次元」をここでぶつけてくるか。

安倍政権では、「異次元の金融緩和」という言葉が生まれた。そのときは理解できた。たぶん、お金という、罪深くも超現実的なモノが対象だったために、多少「盛った」表現であっても飲み込むことができたのだと思う。

ところが、子どもを産み育てるという、人間の根源的で崇高な行為に対してはいかがなものだろう……。まあ、「言い方が気に食わない」というだけでケンカを売るのはフェアではない。言葉の好き嫌いは別として、経済社会政策の一環としての少子化対策について考えてみよう。

政府は19日、「異次元の少子化対策」の策定にあたる関係府省の初会合を開いた。その中では、今後の対策についての3つの方向性が示された。

①児童手当などの経済支援
②幼児・保育サービスの拡充

③育児休業の強化や働き方改革

ふむふむ、という内容だが、新味がないと感じるのは僕だけだろうか。こういうのって、過去にも盛んに叫ばれてきたはずだ。それでも少子化に歯止めがかかっていないからこそ、「異次元で行きます！」と見栄を切ったのだろう。その割にはパンチ力不足ではないか。

いけない。どうもケンカ腰になってしまう。ここは冷静になって、実際の子育て世代である、報ステのスタッフから相次いだ意見を紹介しよう。

彼らの多くは、小中学校や高校に通う子どもがいる世代である。今の学費もさることながら、これから大学まで通わせることを考えると気が遠くなりそうだと言う。思い起こせば僕もそうだった。3人の息子がそろって高校や大学に通っていたころは実際ピーピーで、どうにか借金でしのいだ経験がある。

その期間の負担がぐっと軽減されれば、ずいぶん違うはずだ。これから子どもを産み育てようかという年代（おそらく政府が少子化対策のターゲットにしたい年代）の不安の本質には、今の子育て世代が痛感している家計の苦労を見て、自分にはそれは無理だと感じる、ある種の「諦め」があるのではないか。

この日、番組のゲストでお招きした中央大学教授・山田昌弘さんが、まさにそこに近い意見だった。山田さんは、「少子化対策で考えるべき第一の条件は、高校以降、大学や専門学校までの高等教育にかかる費用を少なくすること」と明言した。「パラサイトシングル」「婚活」などの新語を生み出した社会学者で、日々、子育て世代予備軍である学生たちの声を聴いている山田さんの発言だけに、重みがある。

つまり、「幼い子ども」を育てる家庭だけを想定してお金を配っても、露と消えてしまうケースも多い。むしろ「成長した子ども」がいる、先の事態の家計を想定して、どかんと将来不安を解消することが、金銭面での「異次元」の対策なのかもしれない。

しかし、これらを含む対策の実現には、当然ながら巨額な財政支出が伴う。ハンガリーでは国のGDPの5％を支出して出生率向上に成果を上げたそうだが、これを日本に当てはめると25兆円という膨大な額に上ると、山田さんは指摘した。

防衛費増額の財源をめぐっても議論は沸騰しているのに、そこに少子化対策の財源論まで加わると、議論がさらに複雑になりそうだ。岸田首相はその難しさなどお見通しのはずだ。なのに、その口からさらりと「異次元の少子化対策」という言葉が出てきた。思い切りが良すぎないか。

ある女性にそんな話をしていたら、彼女は「みんな分かっていない。少子化対策のカギは母親の孤独の解消よ」と断言した。この女性の話を僕なりに意訳すると、「子育てをする母親に対し、概して周囲は冷淡だ。そもそも母親という存在に対するリスペクトが足りない。それが日本社会の根底にある最大の問題であり、若い女性が子どもを持つ気になれないのはそのためだ」というのである。

正論だ。夫の育休が少しずつ広がるなど、改善されてきた面もあるが、女性が仕事を続けながら子どもを育てる環境を、社会はまだ整備できていない。

「働く女性だけじゃない」と彼女のボルテージは上がってきた。「専業主婦も人生の大事な選択でしょ。なのに、外で働く女性より下に見られがちじゃない？　専業主婦でワンオペ。どこにもはけ口がない女性の苦労は大変なのよ。それなのにあなたという人は……」

どうにも雲行きが悪くなってきた。

お察しの通り、この女性は、専業主婦で子育てに忙殺された僕の妻である。ここで僕が、「オレだって大変な思いをして外で稼いできたんだぞ」などと昭和的に反論しようものなら、ケンカどころで済まなくなる。ここはじっと反省しながら、貴重な意見に耳を傾ける。

個人的な経験も含めて言えば、子どもを産み育てるという人生の大仕事をサポートするには、経済的な側面からも、ライフスタイルのあり方からも、多方面のアプローチが必要だ。それは国任せにはできない領域も大きい。

妊娠中の女性には当然のことながら席を譲るべきである。ベビーカーを押して電車に乗り込む母親に対して、「場所を取りすぎだ」と冷たい視線を向けることがあってはならない。あなたがもし、にぎやかな近所の保育園に「騒音だ」とクレームをつけたい衝動に駆られたら、「そこに愛はあるんか」と心静かに立ち止まった方がいい。一人ひとりの意識を変えていかない限り、「異次元」への扉など開かれないのだから。

国会が開会した。岸田首相の施政方針演説を聞いていたら、「異次元の少子化対策」とは言わず、「従来とは次元の異なる少子化対策を実現したいと思います」と言っている。「異次元」と同じことなのだけれど、ちょっとだけ表現を変えている。「いじげん」という語感の強さに、自分でひるんでしまったのかなあ、キシダさん。

立ち往生に思う【2023年1月30日】

人間がまるで「樹氷」と化す光景が、大雪のニュースのたびに思い出される。

僕は新潟市の育ちである。高校時代は、郊外の自宅から市の中心部にある学校まで、自転車で通学していた。だが、さすがに冬は電車を使った。自宅の最寄り駅は信越本線の無人駅で、ホームには屋根すらなかった。2坪ほどもない待合室はすぐに満員になり、結構な数の通勤通学客のほとんどが、吹きさらしのホームでひたすら電車を待ったものだ。

地方都市のことゆえ本数も多くない上に、雪が降ると電車はしばしば遅れた。外で待つしかない人たちに、シベリアおろしの風に乗った雪が吹き付ける。傘は役に立たず、雪まみれになって身じろぎもできない。こうして人は樹氷と化す。着雪と樹氷は、自然現象的に違うものではあるけれど。

「寡黙な樹氷たち」が待つホームに、人間と同様、雪を貼りつかせて怒ったような顔をした電車が入線してくる。そんな日常だった。

乾いた青空が広がる東京に住み、こんなふうに郷愁に浸っている分には気楽なものだ。しかし、雪はときに「悪魔」に例えられるほど凶暴だ。とりわけこの1週間は、10年に一度という寒波の影響で、北日本だけでなく西日本にかけても、雪は牙をむいた。各地で車の立ち往生が相次いだが、三重県から滋賀県にかけての新名神高速道路のそれは、とりわけ深刻なものだった。

この夜の番組冒頭、担当デスクから、「まずは新名神の中継映像を流しますから、『絵解《えと》き』をしてください」と伝えられた。絵解き、つまり見たままの印象を描写して言葉にせよ、ということである。伊賀から甲賀《こうか》にかけての、かつては忍びの者も行き来したであろうこの地域は、今や東西を結ぶ大動脈が貫いている。僕にとって土地カンのないところではあるが、しっかりと写実に徹しなければ。

するとと気づいたことがあった。トラックばかりなのである。乗用車はほとんど見当たらず、ほぼ100%が物流のために働く人とその乗り物なのだ。僕は率直にそのことを口にした。

強烈な寒波到来、ということで、われわれメディアは「不要不急の外出、車の運転は控えてください」と呼びかけ続けてきた。運送業界の人たちなら、雪道の怖さなど、われわれに言われなくても分かっていただろう。

それでも、彼らはドライバーに出動を命じ、ドライバーはハンドルを握る。彼らにとって、それは決して「不要不急」ではなく、「必要火急」だからだ。それにしてもなぜだろう。こんな雪の中を……。

そんな話を報ステのスタッフたちとしていて、「それって、もとはと言えば僕たちですよね」というひとりの発言に、みんなが神妙にうなずいた。

スマホのアプリを触るだけで、買いたいものが翌日には普通に手もとに届く時代だ。新型コロナによる「巣ごもり需要」が拍車をかけ、ネット・ショッピングはもはや当たり前のものになった。消費のスタイルはこの数年でがらりと変わったのだ。

消費者が店舗へ足を運ばなくなった分、それを肩代わりするのは運送業者である。単純に考えても、その分だけ業者の忙しさは増すことになる。そこにサービス競争の激化が加わる。消費者とは勝手なもので、雪が降ったから遅配は仕方ないと考えるより、雪が降っても注文通りに品物が届くサービスの方を選ぶ。

そうした僕たちの心理や行動が、結果として無理なトラックの出動につながり、立ち往生の原因となっているのではないか。雪の中、長時間、車内に閉じ込められたドライバーの精神的、肉体的負担はいかばかりか。しかも、雪に埋まった状態でエンジンをふかし続ければ一酸化炭素中毒の危険にさらされ、命に関わる問題になりかねない。

そこに思い至り、「もとはといえば僕たちですよね」というスタッフの言葉に、一同しーんとなってしまったのである。

では、解決策はあるのかと言えば、なかなか難しい。

「冬場は運送業者の皆さんが大変だから、買い控えをしましょう」とでも呼びかけようか。いや、それは大量消費を前提とした今の経済社会において無理がある。当の運送業者だっていい迷惑だろう。

「どうしても運転される場合は、タイヤチェーンとか、万全の装備をしましょうね」と呼びかけることに意味はあるが、雪という大敵を完全に蹴散らすことは不可能だ。なにしろ、1台スタック（タイヤがはまり動けなくなる）しただけで、瞬く間に何十キロという立ち往生の列ができてしまうのだから。

せめて、車が数珠つなぎになった映像を見て、「こんな雪の中、そりゃ車を出す方が悪いでしょ」と冷たく突き放すのでなく、「それでも車を出さなければならない人もいるのだ」と考える。その方が、いくらか人間的に優しい社会というものだろう。

雪ひとつで、雪国の切なさのみならず、運送業界の苦労まで、いろいろなことが見えてくるものだ。

新潟に住む母に電話をすると、ことしの雪は、この越後の国でも驚くほどなのだと言う。

「庭の木がね、枝にたくさんの雪をかぶって、まるでモンスターみたいなのよ」と母は言う。

俳句を詠むのが好きな母は、白い怪物と化した庭木を見ながら、五七五と格闘しているらしい。

元気そうな声を聞いて、少し心が落ち着いた。

考えてみれば、もうすぐ2月である。散歩をしているとあちこちで梅の花が開いているのを見かける。近所では、黄色い蠟梅の花が満開を迎えていた。

控え目だけれども、春は着実に近づいている。

旅いろいろ【2023年2月4日】

2月4日。立春の羽田空港国際線ロビーは、保安検査待ちの人の長蛇の列ができていた。まだ多くの人がマスクをつけてはいるが、コロナ禍の前に戻ったような、いやそれ以上の賑わいだ。

ようやく手荷物検査場に入ると、ヨーロッパの人と思《おぼ》しき若い女性が、係員に何やら訴えていた。日本語を使っている。見ると、手荷物のリュックサックの中から、剣道の竹刀《しない》が突き出ている。マジックで日本の漢字が書かれており、使い慣れたもののように見えた。女性は手荷物として機内に持って入りたいと希望し、係員に待ったをかけられたらしい。

長く日本に滞在し、思い出の竹刀を母国に持ち帰ろうとしているのだろうか。その真剣な表情から、剣道を深く愛しているのだろうと想像できた。ただ、検査は厳しい。刃物やライターなどの危険物はもちろん、ペットボトルの水を持っていても、保安検査場は見逃してくれない。

それでも検査の係員は、果たしてどうしたものかと上司と相談していた。しかし、決して刃物ではない竹刀であっても、結果は「放棄」となった。女性はあきらめた様子で素直に判断に従った。僕は彼女に続いて検査場を通過したのだが、彼女は、レーンを出てきた竹刀のない手荷物を整理しながら、シクシク泣いていた。涙はなかなか止まらない。

何か声をかけようかとも思ったが、言葉が出なかった。

国を行き来する手続きには、このようにハードルがある。このハードルを利用する犯罪者は少なくない。犯罪に手を染めた人間がいったん海外に高飛びしてしまうと、国境が高い壁となって、その足跡を追うのは簡単ではないのだ。

だが、フィリピンのマニラの入管施設に収容されている4人については、フィリピン政府は異例の対応をとっている。巨額の特殊詐欺の指示役と目されるだけでなく、強盗など、広域で発生した凶悪事件に関わっていた可能性がある、あの4人だ。

フィリピン政府も立場というものがあるのだろう。

一連の報道では、4人が多額の金銭を収容所の担当官に贈り、冷房完備の特別な部屋に滞在し、スマホも自由に使える身分だったという。収容所にいながら、引き続き犯罪の「指示役」を務め、荒稼ぎをしていたとなると、それを許していたフィリピン政府にも批判のまなざしは向く。連日マニラで、法相が自ら4人の身柄について報道対応に当たっているのは、国を挙げての速やかな対応を印象付けることで、批判をかわしたいという思いがあるのかもしれない。

かくして、4人の身柄は2月上旬には日本に移送される見通しだ(4日現在)。機中、彼らの脳裏をどのようなことがよぎるのだろう。万策尽きて素直にお縄になろうと考えるのか、罪の言い逃れに思いを巡らすのか、それとも潔白を主張するのか。

彼らが重大な罪を犯したのなら、犯罪生活に終止符を打つ旅となることを願う。そして、被害者の無念が少しでも晴らされますように。


この日、僕も羽田を出発する旅人のひとりである。

ドイツのミュンヘンに向かう飛行機に乗り込むと、日本旅行を終えたフランス人男性と隣り合わせた。気さくに話しかけてきた彼は、ミュンヘン経由でフランスのマルセイユに帰ると言う。谷川岳などで、いわゆるバックカントリー・スキーを楽しんできたそうだ。

「初めて日本でスキーをした。素晴らしい体験だった。日本は雪質も景色も、そしてオンセンも最高だったよ」と、温泉だけ日本語で、あとは英語で興奮気味に話した。

こちらは仕事柄、整備されたスキー場とは違い、自然のままの雪山を滑るバックカントリーで外国人スキーヤーが雪崩《なだれ》に遭い、命を落としたことが気になったので、「事故のニュースは知っている?」と聞いてみた。すると、「日本人のガイドに付いてもらって、十分に注意したから大丈夫」という答えが返ってきた。今度はガールフレンドを連れて日本に来たいそうだ。ただし、彼女はスキーをしないので、「次は東京の観光限定かな」と笑った。

日本ファンになってくれてよかった。無事で何よりだった。そしてつい先刻、竹刀を持ち込めずに泣いていた女性のことを思った。気を取り直してくれているかな。

ロシア領空を通ることができないため、北極回りで14時間もかけてミュンヘンに到着し、いま、ポーランドのクラクフへの乗り継ぎ便を待つ間に、この原稿を書いている。その僕の旅程はというと、クラクフを経由して、陸路、ウクライナのキーウに向かう予定だ。

決して楽な旅ではない。戦争をしている国に行くのだから。戦争をしている国に暮らす人々の話を聞くのだから。終わらぬ戦争の傷をこの目で見て、日本の視聴者の皆さんに伝えるための旅だ。人々を苦しめる寒さも、この身体で体感しなければならない。

心身ともに削り取られることになると思う。しかし、傷つくことを知った人たちだからこそ持っている強さを、感じる旅になるかもしれない。

東日本大震災の取材がそうだった。矛盾するように聞こえるかもしれないが、被災した人たちからにじみ出る、人間の強さや優しさに、逆に自分自身がどれほど励まされたことか。

出発前、家で荷造りをしていたら、ネコのコタローがトランクのそばを離れない。まるで、「ボクも連れて行って」とせがんでいるようだ。

ごめんね。そういうわけにはいかないんだ。ちゃんと待っていてね。無事に帰ってくるから。

物語はここから始まる【2023年2月11日】

1週間にわたったウクライナへの取材の旅が終わった。数えきれないほどの気づきがあった。西部の街・リビウから首都キーウに向かう列車の中で出会ったのは、立派な顎《あご》ひげを蓄えた男性。彼は僕たちと同じジャーナリズムに携わる人だった。軍事問題などを扱っていたと言う。今は兵士として戦争に従軍しており、3日間の休暇を許されて、恋人とともにつかの間の旅行の最中だった。

「戦場を体験したあなたの、ジャーナリストとしてのこれからの仕事に期待しています」と僕は言った。しかし、その問いは彼の心に響かなかった。彼の答えははっきりしていた。

「私はもう、ジャーナリストではありません。ひとりの兵士です」

その上で彼は続けた。

「ジャーナリストは危険だと思えば引き返すことができる。しかし、兵士はできない。戦うしかないのです。それが私の今の任務です」

旅の最初からパンチを食らった気分だった。ハッとさせられるこのような言葉に、この旅で何回、遭遇しただろう。

夫を戦地に送り出し、励ましのメッセージを送り続ける幼子の母親。戦地での兵士の遺品をひたすら収集し、「事実」を後世に残すことに心血を注ぐ博物館の学芸員……。

5日間ぶっ続けで、ウクライナの人々の肉声を伝えた。朝から晩まで取材をし、その合間にコメントを準備し、中継カメラに向かう日々だった。

最終日の金曜日は、ロシア軍の総攻撃で、首都キーウにも絶え間なく空襲警報が鳴り響き、避難場所であるホテルの地下室を拠点にして作業を続けた。警報解除とともに取材に出て、その場で放送を出すという綱渡りだった。

一連のオペレーションを終え、キーウから鉄路で、隣国ポーランドの首都ワルシャワに向かう。戦争のため飛行機は運航しておらず、15時間の列車の旅だ。ワルシャワからようやく飛行機を乗り継ぎ、帰国の途につくことができる。

ワルシャワ行きの列車は、1等寝台を予約できた。狭いコンパートメントで、心ばかりの打ち上げができるかもしれないと、少し遠慮気味にアルコールを手荷物にし、同僚スタッフとともに列車に乗り込んだ。

往路、キーウに入ったときも感じたのだが、ウクライナの鉄道は、戦地にもかかわらず、極めて時間に正確である。電光掲示されたキーウ中央駅の時刻表には、東部ハルキウなど、今も爆撃が続く都市への列車の発着時刻が、平然と掲示されていた。

ところが、旅とは一筋縄ではいかないものだ。

列車に乗り込み、指定された自分の寝台を探すと、個室ではあるものの、狭い3段ベッドの中段が僕の居場所だった。1等寝台という甘い言葉がどうやら勘違いの元らしく、寝台の幅は1メートルもない。

1段目の寝台（兼座席）では、若い男女が熱く額を寄せ、語り合っていた。そこに突然現れたアジア人のおじさんを見て、気の毒なことにカップルは、当惑の表情を浮かべた。

邪魔をしてはいけないと通路に出て時間をつぶしていたら、列車の出発間際に男性の方が列車から降りた。ホームで彼女と見つめ合い、別れを惜しんでいた。ウクライナの列車は厳冬仕様で二重窓。しかも、万一、爆撃されたときにガラスが飛散しないように厚いテープが貼られている。

だからふたりの声は通じない。カップルは互いにスマホを手に、窓越しに別れを惜しんでいた。涙ながらの会話は、列車が出発してからもしばし続いた。

そういえば、見渡す限り、この列車は女性ばかりである。ウクライナの60歳以下の男性は、兵役に備えて国内に留まらなければならない。このカップルもそういう事情を抱えていたのだろうか。彼女は避難先のポーランドに向かう。彼はウクライナに残るということなのか。日付をまたいで走るこの寝台列車は、まさにシンデレラ・エクスプレスなのだ。

しかし、そこから、はてと困ってしまった。個室の狭い3段ベッドは一番下が彼女、中段が僕、最上段（これがまた狭い！）がO君という僕の同僚（これまたおじさん！）が座席指定されていた。この状態で15時間の旅というのは、さすがに彼女も気まずいのではないか。

思案していると、同じ列車に乗るもう一人の別の同僚（I君）が、困った表情で通路に出てきた。I君は、同じようなコンパートメントで、若い女性のふたり連れの中にポツンとひとりきりとのこと。これもさぞ辛かろう。

そこでわが同部屋（?）の彼女にO君が提案をした。別室にいる僕たちの同僚I君と寝台を交換しませんかと。恋人との別れを惜しんでいた彼女だが、即座に「イエス！」と答えた。乗務員にも了解をもらい、座席を交換した。彼女もほっとした様子だった。

かくして、僕たちアジアのおじさん3人は、狭いコンパートメントで一緒に夜を過ごすことになった。肩を寄せ合いながら、ほんの少しだけ、ささやかな乾杯をしたのだった。

狭い寝台に寝転がり、このコラムを書いているうちに、いつしか僕も眠りに落ちていた。気がつくとパスポート・チェックである。列車は国境を越え、ポーランドに入った。戦地での取材は、これでとりあえずのピリオドを打った。

だが、ウクライナの戦争はピリオドが見えない。

キーウでの取材で大車輪の活躍をしてくれたウクライナ人コーディネーターのB君はこう言っていた。

「戦地の兵士も、外国メディアに正しい報道をしてもらう仕事をしている僕も、皆さんが滞在するホテルで働いている従業員も、皆それぞれのやり方で戦っているのです」

今回の取材の最終日、「戦時下でも列車が時刻通りに走るのはすごいね」とB君に問いかけた。彼は、「よくぞ言ってくれた」とばかり、ウクライナ人の几帳面さを饒舌《じょうぜつ》に語った。

僕の手もとには古いけどすてきなノートがあった。今はもう大人になった息子が高校時代に購入したものだが、使われることなく、僕の取材ノートとして今回の旅に同行した。このノートはちょっとおしゃれで、各ページに日本の新幹線と富士山のイラストが入っている。

「使いかけで申し訳ないけど……」と、自分が文字を書きなぐった分は切り取って、B君にノートを渡した。「僕からのプレゼント。日本の鉄道も、ウクライナに負けずに正確で几帳面だよ」と言いながら。B君は笑顔になり、親指を立てて見せた。そして僕たちは別れた。

また彼とウクライナを取材に回りたい。そして戦争が終わり、彼が日本を訪れたあかつきには、日本自慢の新幹線に乗ってもらおう。なぜか似たところのある互いの国民性について、ゆっくり語り合いたいと思う。

（2023年2月11日　ワルシャワにて）

沈黙は語る【2023年3月11日】

ドローンから撮影した夜の映像。画角の奥の方に横に光の列が見える。廃炉作業の長い途上にある東京電力福島第一原発だ。

ここは原発から5キロ余りのところにある福島県大熊町の旧大野小学校。「旧」とつけなければならないのは、この小学校が、原発事故の影響で廃校となったからである。

あれから12年を迎える前日の3月10日。僕はこの旧校舎の前から報道ステーションの中継に臨んでいた。

あたりを包むのは暗闇と、そして沈黙である。静けさという表現でもいいのかもしれない。でも、沈黙という言葉がふさわしいと思った。沈黙には、人間の意思が込められているからだ。福島第一原発が立地する大熊町は、事故の影響の度合いが最も深刻だった町のひとつだ。12年がたち、これまでに町の49％で避難指示が解除されたが、すさんでしまった町に戻ろうという人は少ない。この時点で、帰還した住民はわずか194人にとどまっているという。

ふるさととは言え、生活のインフラが整っていない場所への帰還に、二の足を踏むのは当然と言える。しかも、多くの人たちは避難した先で、すでに新しい暮らしを営んできた。いや、営まざるを得なかった。もうその場所が離れがたい住《す》み処《か》となっている人は多い。
それが12年という年月だ。

廃校とはなったが、旧大野小学校の校舎は頑丈だ。41年の学校の歴史が刻まれている。階段の手すりには無数の傷があった。子どもたちがふざけあったり、中にはいたずらをしてつけた傷もあったかもしれない。
相合傘という言葉を思い出したのは何年ぶりだろう。放送室だった小部屋の壁に残された、いくつものかわいらしい相合傘の落書き。名前のイニシャルが書かれている。小学校も高学年となれば、もうそんなお年ごろだ。こうした落書きひとつをとっても、ここが児童たちの学び舎《や》だったことを証明している。

しかし、この旧校舎を放置しておくのはもったいない、いや、むしろ地域の再生のための、またとない拠点になるはずだと考える人たちがいた。官民共同の取り組みによって、今旧大野小学校は、人々の交流と産業共創の拠点となる「大熊インキュベーションセンター」となって生まれ変わった。「インキュベーション」とは、卵がふ化するという意味である。原発事故で傷ついたこの町から、新しい希望を生み出していこうという願いが込められている。

学校の図書室だった場所は、機能的なテーブルやいすに、簡単な売店も置かれ、町の内外の人たちが自由に出入りできるようになっている。そして、ガラス張りの向こうには、有料のシェアオフィス。有料とはいえ、ひとり1時間150円という安さだ。

こうしたオフィスだけではない。教室だった場所は会議室に生まれ変わっている。子どもたちの机や黒板をそのまま残した「教室型」会議室もあれば、畳敷きの「和風旅館」的な打ち合わせスペースもある。先ほど触れた旧放送室は、WEB会議室として改装されていた。使用料はいずれもやはり驚きの安さである。生まれ変わった校舎は、もはやちょっとしたビジネス・ワンダーランドだ。

このインキュベーションセンターには、車で来ることができるし、最寄りのJR常磐線の駅からは循環バスも出ている。

僕だったら、と考える。1週間ほど休みが取れ、本でも書くために缶詰めになる必要性に迫られるかもしれない。そんなとき、この施設なら絶好の環境だ。寝泊まりに不便を感じたら、近くのいわき市あたりにホテルをとって通えばいい。

インキュベーションセンターは、建物の中にある子どもたちの落書きや、ちょっとした傷はそのまま残すそうだ。ここを巣立っていった若鳥たちの記憶をとどめるために。

改めて校舎の外に出た。そこで感じるのは、やはり沈黙である。しかもその沈黙は重い。この重さが意味するものは何だろうか。

原発事故によって生活を根こそぎ奪われた人々の悲壮。紙一重の命の恐怖の記憶。帰りたくても帰ることのできないもどかしさ。そうした一切の思いが詰め込まれているからこそ、この沈黙に重さを感じるのだろう。単なる静けさとは違う。沈黙とは雄弁に語る行為そのものなのだ。


政府は原発政策を大転換した。このところのエネルギー事情の厳しさと、脱炭素への社会的要請を背景に、原発回帰を鮮明にした。世界最大規模の新潟県・柏崎刈羽《かしわざきかりわ》原発を含め、スピードの差こそあれ、各地で休止中の原発が再稼働の準備を進めている。

高額の電気料金に苦しめられ、一方ではこれ以上の温暖化物質は将来世代を苦しめるという事情が切迫している。その意味で、安全性を可能な限り担保しながら原発を再稼働させていくのは理にかなったことと言えるかもしれない。

ただ、福島の事故を決して忘れてはならない。

大熊町は、インキュベーションセンターをその象徴としながら、ようやく再生へ一歩を踏み出そうとしている。ここまで12年近くもかかった。原発に回帰することは、この12年に積み重なった沈黙の重さと苦しさを肝に銘じることと、同時並行の作業でなければならないのだ。

侍ロスの告白【2023年3月27日】

ラーメン屋さんに入って、「麵、バリカタで！」とか注文しない。牛丼店でも「ツユだくでお願いします！」などと言わず、出されたままの味で楽しむ。ビールも日本酒も、焼酎でもワインでもウイスキーでも、味にうるさいことは言わず（というか分からず）、ただ、飲む。僕はどちらかと言うと、物ごとにこだわりのないタイプだと思う。逆に言うと、どんなときでも淡々として、冷静でいられる方かもしれない。客観性を求められるジャーナリストに向いた性格なのだ。おそらく。

そんな淡泊な自分だが、野球には多少の思い入れがある。子どものころから大学まで野球一筋で、机に向かう時間や友だちと語らう時間よりも、圧倒的に長い時間を野球とともに過ごした。もはや、野球は身体の一部と化している。

でも、ジャーナリストたるもの、客観的であらねばならない。野球に関しても例外であってはならない。冷静に行こうではないか。冷静に。

当然のことながら、今週のこのコラムでは、日本の優勝で幕を閉じたＷＢＣについて書こうと思った。

ところが、どうしたのだ、僕としたことが！　何をどう書いていいか、正直、迷ってしまっている。今回のＷＢＣ、「ツボ」が多すぎるのだ。

いいさ。いくつかの「ツボ」を、いつものように頭の中でさらりと整理して、冷静に文章に綴っていけばいい……。


あれっ？　本当に書けない。まずいぞ、これは。

そもそも、さっきの段落で、「当然のことながらＷＢＣについて書こうと思った」などと書き出していること自体、すでに、「この1週間で最大のニュースはＷＢＣに決まっている」という、主観的な決めつけが入っている。つまり、客観性が欠如しているのではないか。

冷静さを取り戻そう。最大のニュースかどうかは別として、中継放送の視聴率などを見ても、最も世間の耳目を集めたニュースがＷＢＣであることは間違いない。そう、冷静に落ち着いて描写すればいいのだ。


それでは落ち着いて描写します。

大谷翔平が、盟友のマイク・トラウトを、フルカウントから空振り三振で打ち取ったあの瞬間！　グラブと帽子を放り投げた大谷を中心に、あっという間に駆け寄った選手たちの歓喜の輪、ワオ！

それにしても、最後の打者がトラウトだなんて、あまりに劇的すぎるじゃないか。野球の神様もしゃれたことをしてくれるぜ。ワオ！


いや、ちょっと待て。オレ、興奮して「ワオ！」なんて2回も書いている。普通書くか？「ワオ！」なんて。

自分はただ舞い上がっているだけじゃないか。今回の大会、誰だって舞い上がっていたけれど、僕はジャーナリストだ。一緒になってすっかりのぼせ上がり、皆さんの目に触れる文章に「ワオ！」とか書いている自分は、ジャーナリストを職業とする者として恥ずかしくないか？いかん。冷静さを取り戻すのだ。そして、「なるほど！」と皆さんをうならせるような視点を提示しなければ。

自分の強みは何だ。そう、自分は冷静なジャーナリストであると同時に、野球については少々うるさい人間だ。せめて、野球に詳しい僕だからこそ言えるような、ちょっと玄人好みのポイントをお伝えし、ひと味違ったところを見せようじゃないか。


さてと。あの優勝の場面、フルカウントからバッテリーが選んだボールが、なぜスライダーだったのだろうか。おそらく、2ボール2ストライクから「決め」に行った大谷の5球目のストレートが、164キロを記録しながらも低めに外れたことで、バッテリーはストライクを計算できるスライダーを選んだ。そしてトラウトも、そのことは想定していたはずだ。

ところが、バットは空を切った。大谷の心技体が集約されたかのような、切れ味のよいスライダーだった。しかも流れは日本にあった。いくらメジャーを代表する強打者トラウトとはいえ、優勝が視野に入った日本の勢いを止めることは、もはや不可能だった。

どうだ。玄人っぽくて、いい感じになってきたぞ。えへへ。


その前の場面だって、実は大変なのだ。無死一塁、セカンドゴロの場面。あれをダブルプレーに切って取ることだって、実はそう簡単ではない。

二塁手の山田哲人が余裕の風情でさばき、二塁ベースカバーに入った遊撃手・源田壮亮《そうすけ》にトスした場面。簡単そうに見えるが、あの緊張した局面で、かつ、土も芝も慣れない球場で、当たり前のことができること自体がすごいのだ。

それに、トスを受けて一塁へ送球した源田の、流れるようなスローイングを見たか！　彼はなんと、右手の小指を骨折していたのだ。骨折していた小指を、ぐるぐるとテーピングで固定して試合に臨んでいたのだ。

それなのに、骨折なんて微塵も感じさせない正確無比のプレーぶり。手で投げようとするのではなく、一連の動作の中にこそスローイングがある。基本中の基本、見本中の見本と言っていいプレー。さすが、世界一のショートストップだ！　ブラボー！

えっ？　ブラボーは、サッカーの長友佑都の専売特許みたいなものだって？　確かに。「ブラボー！」なんて文字にしている時点で、ちょっとセンス悪いかも。

それに、どんな状況でも当たり前にプレーをこなすのがプロなのであり、いちいち説明したがるおっさんはウザい感じ。そうだよなあ……しゅん。

じゃあ、これはどうだ。

準決勝のメキシコ戦。不振にあえぐ主砲・村上宗隆の9回裏、無死一、二塁での打席。一塁ランナーの代走として起用された周東佑京《しゅうとううきょう》が、村上のセンター越えの打球で逆転サヨナラのホームを踏んだとき、「さすが俊足の周東。二塁ランナーの大谷を追い抜きそうだったぜ！」などと喜んでいた方、いらっしゃいませんか？

あのね、僕のように「知っている人間」から言わせれば、あれはセオリーなんですよ。二塁ランナー大谷は、打球がセンターの頭上を越えるのを「確認」してからでもホームに間に合うので、念のため、塁間のハーフウェイで様子を見るのです。

一方の一塁ランナー周東は、まごまごしていたらホームで刺されてしまう可能性があるので、「センターを越えそうだと判断」した時点で全力疾走を始めます。それで、大谷との距離が結果的に接近していたというわけですね。

お分かりいただけましたかな、皆の衆。

えっ？　なんだか感じ悪い？　純粋に、「さすが周東、速かった」でいいじゃないかって？

そりゃそうですよね……。玄人風を吹かせて、ボク、何を力説しているのでしょうね。

はい、もうやめます。

客観的で冷静であろうとしても、やっぱりお手上げです。選手も、栗山英樹監督をはじめとするスタッフも、相手チームも、そして、「にわか」も「コア」も含めた老若男女のあらゆるファンたちが、心を揺さぶられました。侍ジャパンに、神様が微笑んでくれたとしか思えません。いや、侍ジャパンが、神様の微笑みを勝ち取ったと言えるかもしれません。

春のセンバツが佳境を迎えていますし、もうすぐ日米のプロ野球が開幕します。僕は心を切り替えて、そちらに臨もうと思います。

あす以降、野球恋しさのあまり、どこかの球場をふらりと訪れるかもしれません。野球っていいもんだ、などとひとり感涙にむせんでいるかもしれません。そんな僕を見かけても、どうか見ないふりをしてやってください。

だって、僕も今回ばかりは、ジャーナリストとかいう面倒くさい鎧《よろい》を脱いだ、ただの「サムライ・ロス」の一人にすぎないのですから。

化学反応のスタジオ【２０２３年４月10日】

もともと、おっちょこちょいである。

小学生や中学生のころは、宿題のプリントの類を忘れ、休み時間にダッシュで家に取りに帰るのはほぼ毎日のことだった。それによって得たダッシュ力は、のちのち野球部でレギュラーの座をつかむ原動力ともなった（のかもしれない）。そんなこと、今どき許されるのかどうか分からないが。

おまけに、サービス精神過剰でお調子者のところもある。何か面白いことを言ってやろうと、常に心の中でチャンスをうかがっているようなところがある。たまに「ウケる」と、それがクセになって、もう61年も生きている。

そういう僕にとって、新年度からの報道ステーションの陣容はとても油断がならない。

手の内を明かすようで怒られそうだが、番組のチーフ・プロデューサーからはこんなふうに言われた。「三角形、四角形のスタジオを作っていきましょう」

何もスタジオをトンテンカンと工事して、物理的に形を変えてしまおうということではない。

なんというか、出演者の本番のコミュニケーションのあり方を、もっと多角的なものにしていこうという、放送人特有の表現である。

意味するところはこうだ。出演者それぞれが視聴者に向き合って伝えるという基本は変わらないのだが、出演者同士が、もっと自由にやり取りして化学反応を作り出そう。ニュース出演者の個性や考え方をスパイスとして利かせながら、ニュースがこれまで以上に立体的に、多様な意味を持って伝わるというようにしよう、とまあそんなところである。

「いいじゃないですか。大いにやろう」と、僕は答えた。が、本当はドキドキだった。そして新年度がスタートして1週間が経った今も、ドキドキである。

そもそも、1年半前に報道ステーションのキャスターとして仕事を始めるにあたり、僕はスタッフたちに生意気にもこんなことを語っていた。「なんて言うかさぁ、もっと予定調和ではない番組を作りたいんだよね、個性あるアドリブ感満載で。どうです、皆さん?」

僕は、NHKを離れてせっかく民放に来たのだから、キャスターの仕事はもっと自由奔放にできるものだと考えていた。しかも、報道ステーションという大きな番組を任され、少しいい気になっていた。その結果、あろうことか、僕は敏腕ぞろいの番組スタッフをそうけしかけていたのである。

ところが、というか、やはりというか。僕は早々に軌道修正せざるを得なかった。

この番組は、「アドリブ感満載で」などと外部から乗り込んできた僕が、個性を気ままに発揮してハンドリングできるほど、甘くはなかった。いい意味で、である。

一旦ことあれば、番組スタッフの取材展開は迅速で、かつ、山イモやワカメのめかぶみたいに粘り強い。ぎりぎりまで取材し、実に巧みで精緻な編集作業でオンエアに滑り込む。前からそう感じてはいたが、この取材・編集チームが作るＶＴＲのクオリティは、業界随一と言っていいほど高い。

そこに、豊富な図表やイラストを使ったスタジオ解説が加わる。スタジオチームの作業は綿密だ。ひとつのファクトを多角的な見方で検証し、視聴者の胃の腑に「ストン」と落とす役割をこなす。こちらも迅速さと粘り強さのあっぱれな二刀流だ。


番組に登板してほどなく、僕はその力量を知るに至り、「予定調和でなくてさぁ」などという威勢の良いかけ声は鳴りを潜めることとなった。

これは引き締めてかからなければならない。コメントを任される部分にしても、アドリブ＝適当であってはならない。アドリブ＝受け狙いであっても当然ながらいけない。以来、僕は、ＶＴＲやスタジオ解説のクオリティを邪魔することのないよう、コメントすることに必死になった。そのために、あらかじめしっかり準備をし、コメントの中身についても精査を怠らないようになった。

そこに満を持して、チーフ・プロデューサーからの「三角形、四角形のスタジオを」という提案だ。彼は、「あなたも1年半やったから、報ステがどのような番組か分かったでしょう。さあ、そろそろあなたが望む化学反応を起こしましょうよ、スタジオで」と言いたげに、僕の方をぎょろりとにらむ（ように見える）。僕が言った言葉がブーメランのように戻ってきた。改めてキャスターとしての真価が問われる。

スタジオ出演者たちの顔触れも変わった。月曜～木曜の小木アナ、金曜の徳永有美、板倉の両アナは変わらないが、これまでスポーツ担当だった安藤萌々《もも》アナはニュースに、新たにスポーツコーナーは「熱闘甲子園」でおなじみのヒロド歩美《あゆみ》アナが担当する。

この面々は、まじめそうに見えてくせ者だったり、くせ者のように見えてやっぱりくせ者だったり、つまりはくせ者ぞろいである。「スタジオで化学反応を起こそう」などと覚悟を決めた瞬間に、このカタブツ一辺倒のおじさんに、どんな球を投げてくるか分かったものではない。

そのおじさんは、カタブツなくせに、（冒頭自己紹介したように）おっちょこちょいでお調子者である。油断していると、ひょんなところでおかしな発言をしかねない。滑るくらいなら笑って流せても、それでは済まない場面もあるかもしれない。

この1週間はなんとか無事に過ぎた。スタジオのトークが自由すぎて、次の項目を紹介するコメントを忘れるという失敗はあったが、なんとかしのいだ。しかし、新たなメンバーも慣れてくる今週以降は、本当の試練となる。

失敗しないように、今週以降はお地蔵さんみたいに何も言わないようにしようか。いや、それじゃ何のためのキャスターか分からない。えーい、勢いに任せてなるようになれと覚悟を決めるか。いやいや、それも危険だ。

扱うニュースは種々雑多。悲惨なニュース、時代の節目となり得る重大ニュースもある。コメントすべきはしっかり視聴者に届けないと。

心は千々に乱れる。ただ、これだけは心に決めよう。テレビはすべてを映し出す。その人の知性も感性も品性も。今さらジタバタしてもしようがないのだ。良き常識人であること。それだけを心がけて、きょうもスタジオに向かおう。

春の日差しがあたたかい。読みさしの本を枕にコタローが爆睡している。さあ、リラックス、リラックス。

乗り換えか、乗り入れか【2023年4月23日】

先日、乗り慣れない東京メトロの南北線に乗っていたら、なんと路線案内図が神奈川県内を走る相鉄線にまで延びていることに気づいた。東急東横線の日吉までは従来から直通運転していたが、その先に、新横浜駅を経由する相鉄線の新線が完成し、横浜と海老名をつなぐ相鉄本線にまで乗り入れるのだという。僕は18歳のときに新潟から上京して以来、東京近郊の鉄道会社の、複雑怪奇な相互乗り入れというものに面食らい続けてきたのだが、またも新種の登場だ。

新潟市で育った少年時代、国鉄(!)の信越本線、白新線、それに越後線の列車でにぎやかな新潟駅は、僕にとっては十分に誇らしいターミナル駅だった。ところが東京では事情が全く違った。新潟では国鉄はあくまで国鉄であり、それ以上でも以下でもなかった。それなのに東京では、国鉄(あくまで当時、です)と私鉄と地下鉄が猛烈にこんがらがって、乗り換えたり乗り入れたりと、路線図を見ただけで目がくらんだ。

予備校生として、文京区にある都営地下鉄三田線の千石駅近くで下宿生活を始めた僕はある日、大田区に住む伯母に招かれたことがあった。都営三田線、都営浅草線、京浜急行線を使って大森海岸駅で降りなさい、とのことである。

そこで、三田線の終点の三田まで行って浅草線に乗り換えたのだが、その浅草線の地下鉄がいつのまにか、京浜急行線に乗り入れていたのである。しかも、特急か何かに突然変身したようで、品川から地上に出たかと思いきや、あれよあれよと大森海岸などすっ飛ばし、蒲田か川崎の方まで行ってしまった。

慌てて降りて、各駅停車で大森海岸まで引き返すという事態になり、駅員さんに「乗り越しの分、支払ってね」と言われやしないか（自動改札なんてない時代です）と、ハラハラして改札を通った記憶がある。言われなかったけど。

それ以来、東京を中心とする首都圏の鉄道は僕にとっては警戒すべき代物となった。乗り換えか、乗り入れか。ああ、それが問題だ。

はて？　何を書こうとしたのだろう。そうだ。軽やかに人生の路線を乗り換えた、ある後輩のことを書こうと思ったのだ。彼の名前は伊藤悠一君という。僕がＮＨＫでスポーツ番組のキャスターを務めていたときに、番組のディレクターとして活躍していた。テニスの全豪オープンの取材で一緒にオーストラリアまで行った、思い出深いディレクターだった。

この冬、そんな彼の名前をネットのニュースで見つけて驚いた。なんと、ＮＨＫを退職して、プロ野球の独立リーグのひとつであるＢＣリーグ・茨城アストロプラネッツの監督に就任したということではないか。静岡の高校では野球部だったと聞いていたが、それにしてもなぜ？

その前に、独立リーグとは何か。日本にはセパ12球団が所属するNPB（日本プロ野球機構）以外にも、全国に8つのプロリーグがあり、一般に独立リーグと言われる。地域密着を掲げ、目指すのはリーグ優勝だが、ここで活躍してNPBのドラフトで指名を受けたいと、夢を追いかける若者も多い。パ・リーグの首位打者になったロッテの角中《かくなか》勝也選手などがその成功例だ。

しかし逆に言えば、それだけレベルの高いリーグである。そのリーグに所属するチームの監督になるには、いくらなんでも荷が重いのではないか。

その伊藤監督に話を聞くために4月、BCリーグの開幕戦、つまり彼のデビュー戦を見るため、茨城を訪ねた。試合は熱心なファンの声援もかなわず雨天コールドでの敗戦となったが、伊藤監督は、「僕がインタビューされる側だなんて、想定外ですね」と、にこやかに取材に応じてくれた。

彼は球団が実施した「監督トライアウト」に応募して採用された。彼の理論はとてもシンプルだ。ディレクターは取材して情報や映像素材などを集め、それを編集して番組を作る仕事である。その際、カメラマンや音声マンといった「職人」たちをうまくまとめてチームを作ることが必須となる。

それはつまり、野球の監督と同じなのだという。選手たちと積極的にコミュニケーションをとり、その思いや希望を「取材」し、分析する。その際、個別の技術指導は、職人である専門のコーチたち（NPB出身者も多い）に任せる。そうしてチームの形を作りながら、ベストな布陣を「編集（編成）」するというわけだ。

伊藤監督によると、そうした考えが球団に受け入れられたのだという。野球が好きなのは言うに及ばず。


しかし、理屈と野球愛だけで監督が務まるわけではない。ただでさえ、観客数の少ない独立リーグは、せめて勝って盛り上げなければ経営が苦しい（ちなみに、伊藤監督の場合は、NHK時代から給料が3分の1に減ったそうだ）。加えて、将来のスターを目指す選手たちの夢の実現のためには、彼らの実力を伸ばし、NPBの球団の目に留まるよう個人成績を出していかなければならない。「素人監督」の手には余るのではないか……。

だが、伊藤監督はそんな僕の問いに対して決然として言った。

「選手の人生を預かっている」

「テレビのディレクターを辞めて、退職してまでここにきた。お互いの覚悟を見せ合う」

35歳の伊藤監督には、妻と第1子がいて、第2子の誕生を控えている。その中で、退路を断って新たな道へと人生を乗り換えたのだ。家族の説得も必要だっただろう。だから、推して知るべしなのだ。決断の理由をもっと聞くべきだったかもしれないが、それ以上の質問は無意味に思えた。彼はもう走り出した。そして結果を出すために、必死にもがくのだろう。後のことを考えていたら、今を走ることがおろそかになる。彼の決断はそれほど潔い。

自分の人生に照らせば、とてもそこまでの勇気はないと思う。僕もNHKからの転身組だが、それまでもキャスターを務めてきたし、報道ステーションのキャスターに極めて自然に溶け込むことができた。伊藤監督の勇気ある乗り換えに比べれば、穏やかな挑戦ではある。

そんなことを考えて地下鉄南北線に揺られていたら、降りる予定の六本木一丁目を乗り過ごしそうになった。このまま東急線や相鉄線に乗り入れるわけにはいかない。

僕はまだまだ、六本木で挑戦を続けるつもりである。

花とおまわりさん【2023年5月21日】

なんだか、優しい。

広島に来てG7サミットを取材しているのだが、街を歩いているとそう感じる。主要7か国とEUのトップが集うのだから、当然ながら警備は厳重だ。全国から警察官が動員され、各地で寸分の隙なく目を光らせている。交通規制は厳しく、さっきまで通ることができた道路も、要人の車列がやってくるとなると、拡声器越しの「規制します！」の号令一下、たちまち柵やコーンで仕切られ、一般人は待ちぼうけをくらうことになる。

でも、なんだか、優しいのだ。

最初に感じたのは、サミット開幕前日の平和公園でのことだった。翌日の首脳たちの原爆資料館（広島平和記念資料館）訪問を前に、警備のため、平和公園は正午をもって立ち入り禁止となることが予告されていた。たぶん、正午近くになれば公園内に「閉鎖します！」という大《だい》音声《おんじょう》が鳴り響き、人々が公園の外に出され、いくつかある門が一斉に閉じられるのに違いない。ガラガラガラ、というその瞬間を、われわれテレビメディアは狙っていた。

だが、どうも「時間きっかりに、一斉に」という感じでもないのだ。

時計が正午を指してもまだ、公園の中には、外国人観光客を含むたくさんの人たちが散策を続けていた。当局側は、「まあ、だんだんとやりましょうや」、くらいのゆるい温度感である。

周囲を固めていたのは滋賀県警の警察官たちだ。彼らも、決してつっけんどんになることなく、丁寧に人々に説明している。それでも、午後1時が近づくころ、公園からは次第に人の気配が消え、まるで自然とそうなったかのように、門はすべて閉め切られた。


なんだかいいなあ、広島で迎えたサミット。

だから、テレビカメラを前に、「街は警戒モード全開で、ピリピリしています！」というような、ステレオタイプのリポートをするのは、この場所では少しそぐわないと思った。規制は仕方ないが、尖った雰囲気にはしたくないという、サミットの警備に関わる人たち全体の思いをじわりと感じたのだ。事実、厳しい規制のために商売に支障が出るという飲食店やお土産店でさえ、「広島から平和が発信できるのなら、それが最優先」と答えるところは少なくない。

そう、被爆地・広島で開かれるサミットは、平和を心に刻み付ける上で、とても重い意味を持つのだ。

サミット1日目の5月19日。首脳たちは、そろって原爆死没者の慰霊碑に花を手向け、資料館を視察した。その直後、われわれ報道陣の間を、ウクライナのゼレンスキー大統領がサミットに参加することが決まったとの一報が駆け巡った。

Ｇ７にもう一人の主役が加わることとなった。戦禍のウクライナと被爆地・広島。平和への願いが重なる。実り多きサミットとなるよう、さらなる期待が高まる。

一夜明けてサミット２日目。そろそろ弁当以外の食事を、ということで、スタッフたちと昼食に出かけた。ラーメン屋さんの赤い暖簾《のれん》に惹かれて店に入ると、笑顔が素敵なおかみさんが迎えてくれた。汗をかきながら完食したタイミングで、おかみさんが僕たちに話しかけてきた。

「マスコミの方々って、すぐに雰囲気で分かるんですよね」

どういうことですか？　と問い直すと、「私、ちょっと前までＵＮＨＣＲ（国連難民高等弁務官事務所）で働いていたんです。マスコミと接することも多くて」とさらりと言う。スーダンのダルフールで支援に当たっていたそうだ。

えっ？　広島では、元国連職員が普通にラーメン屋のおかみさんを務めているのか。なんともまあ庶民的かつ国際的ではないか。この２つが矛盾なく同居する広島は、優しい上に、なんだかとてもカッコいい。

すると、街の中心を貫く平和大通りに大規模な交通規制がかかった。きっとまたどこかの首脳の車列が通るのだろう。

こちらでは大阪府警の警察官たちが、隙間なく道路を封鎖していた。でも、道行く人たちへの声かけは、関西弁の親しみやすいアクセントもあって、これもまた決して威圧的でない。傍らに植えられたベゴニアの花も、任務に就く警察官を応援しているように感じられた。僕は街を覆う優しさのオーラに、すっかり浸りきってしまったらしい。

夕方、ゼレンスキー大統領が広島空港に到着した。そのまま、市内にある会議場のホテルに直行するらしい。そこでホテル近くの交差点で車列を待つことにした。情報を聞きつけたたくさんの市民が沿道に集まっていた。侵略に屈しないでほしいという、市民の思いが膨らんでいた。

そこにもまた、警備の警察官の姿があった。こちらは制服に「鹿児島県警」と書かれている。「リュックなどの荷物は下においてくださいね」「ごめんなさい、そこ自転車止めないでくださいね〜」と、こちらもまた、お国訛《なま》りの優しい声かけである。

いよいよ大統領の到着間近となり、今度は群馬県警も応援に加わった。後ろには東京の警視庁の制服姿も。まるで全国の都道府県警察の競演である。

さて、G7サミットは3日目を迎えた。世界経済、地球環境、AI（人工知能）との向き合い方など、各国首脳の議論はすでに多岐にわたっている。一方、やはりゼレンスキー大統領の動向が注目を集めている。今回招待された、インドなどグローバルサウスと言われる国々とも精力的に会談を重ね、支援への協力を求めているものと見られる。こうした新興国は、歴史的なつながりや、脆弱《ぜいじゃく》な経済へのダメージへの懸念から、ロシアと正面から対立するわけにはいかない事情を持つ。だが、平和を希求するという一点では、互いの意思を確認できるはずだ。

ゼレンスキー大統領は、これから平和公園に向かい、岸田首相とともに原爆死没者の慰霊碑に祈りを捧げるという。遠巻きにはなるが、その姿を見に行こう。

それぞれの国を率いるリーダーが、平和への願いを改めてかみしめることができますように。人々を優しい気持ちにさせてくれる、このヒロシマの地が、歴史的な転換点の新たな一歩となりますように。

その後ろには物語がある【２０２３年５月29日】

５月26日の金曜日、スポーツコーナーで、けがの癒えたプロ野球・西武の源田壮亮選手が先発メンバーに復帰したというニュースを伝えた。そして僕はしみじみとした気持ちになった。大げさに言えば、僕らはある種の物語の延長にいることを再認識したのだ。

源田選手の、特に捕球から送球へのすばやい動きに象徴される守備力には定評があった。ただ、それはあくまで「いぶし銀」の存在としてであり、しばらく戦線離脱をして復帰したからといって、以前ならばここまで特筆されることはなかっただろう。

しかし、春のＷＢＣを経て、源田選手はドラマチックなヒーローになった。送球する右手の小指を骨折しながらも、テーピングで補強し、志願して出場を続けた姿は、多くの人の胸に刻まれた。彼の復帰がニュースになるのは、その後景に、「物語」があったからである。野球好きのひとりとして、僕は源田選手の復帰に特別な感慨を抱く。

一方、古い政治記者としての僕は、この週の別のニュースを考えていた。自民・公明の両党の間に入った亀裂のことである。25日、公明党の石井啓一幹事長は、「東京における自公の信頼関係は地に落ちた。東京での自公間の協力関係を解消する」と発言した。

僕は驚いた。自公の連立政権には、20年以上、あるいはそれを超える長い物語があり、僕もそのわずかな一端を知るひとりだからである。

僕がNHK政治部の記者だったのは、1989（平成元）年から2005（平成17）年までの16年間である。創価学会を支持母体とする公明党は、規模に限度があるとは言え、キャスティング・ボートを握る位置にいた。政治記者である以上、そのことは常に念頭に置いて取材に当たる必要があった。

昭和から平成にかけてのこと。長年の自民党一党支配に対する国民の不信が高まり、政治改革が迫られた。その柱として、衆議院は、自民党のサービス合戦になりがちとされたそれまでの中選挙区制から、今の小選挙区比例代表並立制へと制度改革が行われた。惜敗率による「復活当選」は認められたものの、ひとつの選挙区における当選者はひとりだけとなったのだ。このことは、自公連立を促す要因のひとつとなる。

発足以来、野党にあった公明党だが、政治的には「中道」の立場を取る。そのため、自民党にとっては、国会で行き詰まったときなどの「苦しいときの公明党頼み」は、いわば習い性《しょう》のようになっていた。

壮絶な与野党対決となった、1992年のPKO法（国連の平和維持活動への協力法）では、自民党は公明党が主張した「PKO参加5原則」（停戦合意の成立など）をほぼ丸呑みする形で成立にこぎつけた。そのとき野党担当だった僕は、国会という舞台がダイナミックに動くさまをこの目に焼き付けた。

自民・公明の連立政権の発足は1999年のことである。その主役は、当時の小渕恵三首相と、内閣の要《かなめ》だった野中広務官房長官である。参議院で過半数割れしていた自民党は、単独で法案を成立させることができない状態にあり、その打開を図ろうとしたのである。

小渕・野中はこのとき、少々トリッキーな手を使う。僕はその展開を、首相官邸担当記者として追っていた。野中は公明党に先立って、当時の自由党を率いていた小沢一郎党首との連立交渉に乗り出す。かつて共に自民党旧竹下派に身を置きながら、激しく内部対立した関係だが、「悪魔にひれ伏してでも」と、自由党との連立政権樹立を果たす。それが1999年1月だった。

だが、狙いはもちろん、そこにとどまらなかった。当時、官房副長官として野中を支えた鈴木宗男は、私とのインタビューでこう証言している。

「公明党さんから、自民党と直接連立を組む前に、自由党を一枚かませていただきたい、自由党が先に自民党と連立を組む、その半年後に公明党もついてくる。こんな流れでどうでしょうかという提案があった」

つまりは、事前にあらすじはできていたことになる。自自連立から半年以上経た同年10月、「自自公」連立政権は成立した。鈴木の記憶と大筋で一致している。その後、小沢は政策の不一致を理由に政権を離脱する。本命の公明党を引き寄せるためにまずは小沢に頭を下げ、役目を終えた小沢は政権での居場所を失う。巧みな政治の駆け引きの起承転結である。

だが、現場で取材をしていた僕にとっては、それは単なる駆け引きを超えたものに見えた。政権の安定を悲願としていた小渕首相にとって、自由党を含めた三党の連立を守りたい気持ちは強かった。小沢を引き留めるトップ交渉が決裂した2000年4月1日、小渕は記者団のインタビューに、しばし絶句した。約5時間後、疲労困憊《こんぱい》した小渕は脳梗塞に倒れ、そのまま帰らぬ人となる。

僕は、その記者団のインタビューの輪の、一番前にいた。

あれから20年以上が経つ。連立を組む両党の関係の支柱となり続けたのは、各種の選挙協力である。衆議院の小選挙区では両党の協力の効果は大きく、接戦区にあっては特にそうだ。公明党の協力なくして今の議席はなかったという自民党議員は少なくない。

今回、自公が揉めたのは、衆院選挙区の区割り変更により、東京の選挙区が25から30に増えるのに伴う候補者調整である。従来、公明党が公認候補を立て、自民党が立候補を見送ってきた選挙区は1つだけだったが、公明党は今回、自らが望む2つの選挙区で公認候補を立てることにこだわった。しかし、自民党は難色を示し、交渉は暗礁に乗り上げ、先ほどの石井幹事長の発言に至る。

公明党の石井幹事長は、「連立関係に影響を及ぼすことを考えてはいない」と言うし、岸田首相も、連立の基盤を守ると発言している。

だが、自民の側からも公明の側からも、「こうなりゃ連立解消だ！」という威勢のいい声が上がる。威勢がいいだけではない。自民党幹部の中にも、連立解消を具体的に視野に入れる議員はいるという。

僕は自民党の味方でも、公明党の味方でもない。自公連立を支持するかどうかも表明する立場にない。この連立政権を評価するのは歴史の役割であり、僕はその任にはない。

ただ、両党の亀裂がここまで一気に走ってしまった驚きは今も変わらない。

政権の安定のために、当時の政治家たちが気力と体力を削りながら作り上げたのが、今の自公連立の姿である。今はその立役者のかなりが他界してしまった。僕は、彼らが必死になって知略を振り絞った姿を知っている。

その後ろには物語がある。物語を知る政治家が減っていくことは仕方ないが、若い政治家たちも、若い政治記者たちも、物語を知る努力はしてほしい。

古株の政治記者の独り言である。

暑熱順化、そして夏

【2023年6月5日】

お日さまが照っていると、ネコも機嫌がいいらしい。「まぶしいよー」と訴えているようにも見える。すべてが「白日《はくじつ》の下《もと》にさらされる」感じがして、恥ずかしいのかもしれない。お天気の日には、コタローがよくこんな格好で寝ている。

やっぱり太陽が照る昼下がりは良いものだ。

日差しにこれほど感謝するのは、つまり、うっとうしい季節が始まったということを意味する。ことしは、沖縄から東海までは平年より1週間ほど早く、5月のうちに梅雨入りした。先週後半は、台風に刺激された前線の活動が盛んになり、西日本から東日本にかけて、広く災害級の大雨に襲われた。

関東もすっかり梅雨入りしたと思っていたのだが、気象庁のホームページで調べてみたら、まだそうはなっていない。梅雨という言葉では片付かないほどの、激しい雨だった。

雨が上がった3日土曜日の午後、近くの川べりを散歩したら、いつもはチョロチョロ程度の水流が、結構な勢いとなっていた。増水のピーク時に濁流が直撃したのだろう、川辺の草はすべてなぎ倒されていた。

　僕の近所はまだこの程度で済んだが、今回は亡くなった方もいた。広い範囲で多くの家屋や田畑、車が水浸しになった。心からお見舞い申し上げます。

「線状降水帯」という言葉を僕の脳が認識したのは、鬼怒川が氾濫した2015年の9月だったように思う。次々に発生する雨雲が、同じ地域にかかり続けることで大雨被害をもたらす。「降水帯」という言葉が腑に落ちた。一方で、濁流が堤防を越えてあふれ出す映像を見ながら、「異常気象」という言葉が、決して「異常」と言えなくなる日が来るのだと、恐ろしい気持ちになった。

　こちらもまた気象に密接に関連する言葉だが、「熱中症」という言葉が世間に馴染んだのも、おそらく、わりと最近のことである。これもまた自分の記憶の世界で申

し訳ないが、ここ15年くらいのことではないか。

前の局でキャスターを務め始めた、おそらく2010年の夏、番組冒頭で、「この暑さは、もはや災害です」とコメントした。その後に続けて、「熱中症」に警戒を呼びかけた記憶がある。また新しい言葉が出てきたものだ、などと思いつつ。


僕が子どもだった当時は、もっぱら「日射病」という言葉が使われた。1学期の終わりとか2学期の初めとか、夏休みの前後に校庭で全校集会などが開かれると、よく児童・生徒が倒れて保健室へ直行、ということがあった。先生たちも、「日射病に気をつけましょう」と言いながら、ピーカンでのこの種の集会をやめようとはしなかった。これも時代だろう。


ちなみに、いつも元気ハツラツだった僕も、高校生のときに一度だけ、今で言えば熱中症にやられたことがある。野球部だった高校2年の夏、それまでの捕手から投手にコンバートされた。3年生エースが卒部し、監督からは「これからはお前が主戦投手だ」と言われていた。

新チームの夏合宿初日の練習中、張り切りすぎたのか緊張したのか、突然ぐったりとしてしまい、木陰で休んだ。でも、練習後はいつものように仲間と学校近くでジュースを買い、アイスクリームを食べた記憶があるから、さほど深刻な症状ではなかったのだろう。とにかく、少々のことは若さが跳ね返してくれた。

でも、そんな僕も還暦を過ぎた。自信過剰は良くない。気をつけなければならない。

熱中症予防のために必要なのが「暑熱順化《しょねつじゅんか》」だ。報道ステーションのキャスターを務めるようになってから初めて覚えた。僕の中では、気象情報を扱う上での、最も新しい概念である。「暑熱順化」とは、夏本番を迎える前に、適度な運動や入浴によって発汗する身体を作り、あらかじめ暑さに慣れておこうというものだ。こうした言葉が日常生活で当たり前に使われるようになったのは、それだけ気象をめぐる常識が変わったということだ。僕が日々、一生懸命散歩をするのは、その「暑熱順化」の一環でもある。

何ごとも、常識の変化に自分の意識を少しずつ合わせていくのが賢いやり方というものなのだろう。僕の場合、苦手なＩＴ関係でそのことを特に意識する。

スマホでＱＲコードを読み取って手続き画面に入り、ワンタイム・パスワードを暗唱して打ち込んでみたりと、小さな平べったい箱を相手に、それこそ大汗をかいている。電子マネーだって使うし、マイナンバーカードに保険証を紐づけること（悪評が目立つが）だってしている。できるだけ順化したいと、還暦のおっさんだって頑張っているのだ。

前参議院議員のガーシー（本名・東谷義和）容疑者が、ドバイから帰国した成田空港で逮捕状を執行された。昨夏に議員に初当選してから一度も国会に出席せず、参議院から除名処分を受けていた。これまでの常識から言えばあってはならないことであり、今後だってあってほしくない。

逮捕容疑は、ユーチューブ上で俳優らの名誉を傷つけることをほのめかし、脅迫した疑いである。こちらは司法の場で裁かれるにしても、選挙で議員資格を得ながら欠席を続けた怠慢は明らかである。

しかし、ガーシー容疑者が移送されて警視庁に入る前、詰めかけた支持者からは「ガーシー！」と声援が上がった。ＳＮＳが作り上げる世界の一部には、新常識が広がっているのかもしれない。その新常識には、僕は慣れることはできないだろうし、慣れるつもりもない。

雨雲は去り、被災地は片付け作業に忙しい。こちらに照りつける太陽は、ありがたいどころか容赦がない。線状降水帯にしたたかに打ちのめされ、疲労困憊の人々が、その上に熱中症になどかかりませんように。

豊かさとは何か【2023年6月12日】

新潟県の浦佐《うらさ》という山あいの町でイタリアン・レストランを営む、知人の男性が亡くなった。満59歳の早すぎる死だった。

最後に話をしたのは2か月ほど前のこと。しばらく病院で療養し、退院したと聞き、電話を入れたときには、「病気と言っても、別に何てことないですよ」と努めて明るく答えていたが、その声はかすれ気味で、心配していた。そこに訃報が飛び込んできたのが6月5日のことだった。10日の土曜日に営まれた葬儀に参列し、出棺を見送った。

振り返れば、僕は彼と出会ってから「豊かさとは何か」を自問自答するようになっていた。

小さな町の葬儀場だが、会場に入りきれないほどの人が葬送の列に並んだ。皆、泣いていた。彼がどれほど人々に慕われていたかが身に沁みて分かった。

身内のように親しくしていたという人と立ち話となり、彼の闘病の様子を聞いた。実は4年半前に大腸がんが見つかったそうだ。この厄介な敵を、これまでは何とかやり過ごしてきたが、肺や骨にも転移してしまったという。

4年半前から闘病していたとは、恥ずかしながら僕は全く知らなかった。彼との付き合いは、かれこれ10年ほどになる。その半分近い期間、彼は闘病していたことになる。

浦佐周辺の若い農業者が集まるというので、別の知人に誘われて顔を出したのが最初の出会いだった。机上ではない、実際の「町おこし」の議論をのぞいてみたかったのだ。その拠点となっていたのが、彼がシェフを務めるレストランだった。

遠くに住む僕には、遠慮があったのかもしれない。単に闘病を伝える機会がなかっただけなのかもしれない。ただ、僕はあまりに鈍感だった。彼の病気を知らずに、僕は彼に一方的に励まされてばかりだった。

浦佐は新潟県の南魚沼地方にある。なにせ、米どころ、酒どころである。地元食材を使った彼の料理は、ときにイタリアンの範ちゅうを超えていた。白米のおにぎりなども平気で出てきた。春先には山菜を、夏にはどっしり重いスイカを送ってくれた。「いやあ、近くの人が持ってくるものだから」と、屈託がなかった。

彼はいつも言っていた。

「食べ物はおいしいし、自然はすばらしい。スキー場はいくらでもある。東京からなら新幹線で1時間ちょっとで来ることができる。それだけの条件が揃っているわけだから、ここはもっと栄えてもいいはずなんだけどねえ」

そして彼はこんなふうにも話していた。「この辺の人は売り込みが下手。引っ込み思案で、お人好しで……」

でも、そう言うときの彼は、どこか嬉しそうでもあった。それを聞く周りの人も、なぜか笑顔だった。

そんなとき、僕はいつも「豊かさとは何か」と考えた。

東京の暮らしと地方の暮らし。加工食品と新鮮な食材。街の夜景と山々の豊かな緑。比較して、そのどちらが豊かなのかと考えても、答えらしきものが出てきたためしがない。

新鮮な食材はこの上なくありがたいが、それはそれとして、カップラーメンだっておいしく食べたりするのが現代人だ。都会と田舎といった比較は、豊かさの尺度としては、あまり意味がない。

だが、豊かさをもたらしてくれる「人」が存在するのは間違いない事実だ。

亡くなった彼は、間違いなくそのひとりだった。たまに浦佐を訪ねると、ため息が出そうなごちそうを振る舞ってくれたし、地元の温泉に連れて行ってくれたこともある。それらはいずれもとても豊かな体験だったが、同時に、彼がいてこその体験だった。

つまり、彼こそが豊かさの正体だったのかもしれない。

取材の仕事をしていて気づくことなのだが、何ごとかを成し遂げた人に成功の秘訣を聞くと、よく「人に恵まれたことです」という答えが返ってくる。謙遜でも何でもなく、本心からそう話す人が多い。

だが、周りが良い人ばかりという偶然など、本当にあるのだろうか。実は、その人が、周囲の人たちの良い面を引き出し、良い人に変えてしまうからではないか。だから、その人の目には、「人に恵まれた」景色しか映らない。そういうふうに周りの人を変えてしまうことこそ、その人の魅力、さらには成功の秘訣なのではないか。

亡くなった知人もそういう人だった。

彼を中心として輪ができる。そこは共感に満ち、時に建設的な議論の場にもなる。そこで感じられる豊かさこそ、本当の豊かさなのではないか。笑顔が反響しあう、合わせ鏡の空間こそ、幸せな空間と呼ぶのかもしれない。

自分もいつかそんな人間になりたいと思ってきた。そのせいか、彼は僕よりもずいぶん年上だと思っていた。

だが、葬儀のときになって、初めて僕より2歳年下であることを知った。しかも、誕生日が同じだった。何ということか。あれだけ良くしてもらいながら、僕は彼について何も知らなかったのだ。

去り際、彼の生前の様子を教えてくれた女性が最後に言った。

「レストランは、甥っ子が跡を継ぎますよ。また来てくださいね」

その一言に救われ、改めて彼の冥福を祈った。

あおった人と、あおられた人と【2023年6月19日】

国会が事実上の幕を閉じた6月16日金曜日。この日の報ステも番組終了まであと10秒足らずとなった。週を締めくくるにふさわしい、気の利いた一言を、と考えていた僕だったが、「まあ、凪というものは、吹くものですね」などと、気の抜けたような言葉を発したところで番組終了時間となった。

この週の大きなトピックは、衆議院の解散をめぐる岸田首相の判断だった。「今国会での解散は考えていない」という、前日15日の総理発言によって、とりあえず解散は白紙となって収束したのだが、僕は「あの解散風は何だったのか?」と、完全に肩透かしを食らった気分だった。冴えないコメントとなったのは、そういう気分が手伝ってのことでした。視聴者の皆さん、すみません。

でも、待てよ。「凪というものは、吹くものですね」というコメントは、よく考えてみれば、しみじみと深い意味があるように思えてきた。

気象学的になぜ風が吹くかは、気象予報士の眞家さんに聞かなければ分からないが、衆議院の解散風は、だいたい「あうんの呼吸」で吹き始める。4年の衆議院議員の任期の折り返し点が見えてくるころ、与野党問わず、そろそろ議員同士のひそひそ話が始まる。

議員A「総理は解散したりするかなあ」
議員B「いくら何でもまだ早いでしょ」
A「やりかねないよ。総理にとってはホニャララで、悪いタイミングじゃない」
B「そうか。ホニャララならば、そろそろ選挙の準備、本格的に始めようかな」

このホニャララの部分はケースバイケースだが、この時点での解散風は、せいぜいそよ風くらいのものである。

ところが5月のG7広島サミットで、岸田首相がホスト国の大役をそつなくこなしたことで、ホニャララの部分に、「サミットを成功させた勢いがある」という具体的な理由が入った。

議員A「岸田さん、サミット成功させたし、解散しそうだな」
議員B「うーん。自公の関係修復もできていないし、それでもするかな」
A「いや、岸田さんという人は妙なところで腹が据わっている。解散は今しかない！」
B「そうだな、やばいな。今から地元に帰ろう！」

2人がそこまで焦ったかどうかは定かでないが、この段階で、そよ風は風速5メートルくらいの、結構な風になった。

しかし、この流れは、ある意味で妥当な流れだったかもしれない。議員同士が選挙を話題にするのは宿命でもあり、わずかな羽音でもびくりとするものだ。そこに、岸田首相が地元のサミットでがんばりを見せた。だからこの時点で解散風が吹くのは、永田町ではいわば自然現象だった。

問題はここからだ。5メートルくらいだった風速を、一気に15メートルくらいにあおった人がいる、ほかならぬ岸田首相である。

13日火曜日の記者会見。「今国会での解散を考えていますか」と記者が単刀直入に質問したのに対し、岸田首相は、「(国会)会期末間近になって、いろいろな動きがあると見込まれる。慎重に見極めたい」と述べた。

この発言だけで、風速を3倍くらいにするには十分なインパクトだった。なぜなら、これまで首相は、解散について問われると、「考えていない」の一点張りだったのだ。それが「見極める」に変化した。「慎重に」という表現はついているが、「野党側から内閣不信任決議案が提出されれば、オレだって黙っていないぜ」と言ったのも同然だからだ。しかも意味深な笑みすら浮かべながら。意外とワルですね、岸田さん。

登場いただいた議員AとBは、「解散間違いなしだ！」と、後援会幹部に一斉に電話を入れた（と思う）。わが報道ステーションも、というより僕自身がすっかり選挙モードに入った。この日の発言を聞くやいなや、「岸田さん、言ったぞ！」と、政治担当の番組デスクと一緒に盛り上がり、選挙の争点の整理とか始めなきゃ、などと勝手に先回りしていた。

なのに、たった2日で全否定ですか、岸田さん？　そういうのを朝令暮改と言うんじゃないですか？（まる2日は経っているけれど）

冷静に振り返ろう。今回の場合、解散風をあおったのが岸田首相本人であることは間違いない。ただし、首相からすれば、「慎重に見極める」と言ったにすぎず、「解散するなんて、そもそも一度も言ったことはありません」という理屈は成り立つ。

では、あおられたのは誰か。それは議員AとBであり、僕のような人間かもしれない。しかし、これまでの記者としての経験則に照らせば、首相の思わせぶりな発言は、議員やメディアをあおるには十分なものだった。

だが、岸田首相は、本当にあおった側なのだろうか。

こんなふうには考えられないか。岸田さんからすれば、今の国会で解散するかどうか、ふたつにひとつだ。今まで気配のそぶりも見せずに来たが、ちょっとばかり言葉遊びをすることで観測気球を上げてみた。ところが、それによって解散風が予想以上に強く吹き荒れてしまい、観測気球どころか、自分自身も解散風にあおられて持っていかれそうになった。まだ心の準備は十分ではなかったのに。そこで慌てて沈静化を図った可能性はないか。

本当のところは岸田首相にしか分からない。僕も、いつまでも肩透かしを食らったとぼやいているわけにはいかない。

衆議院の解散は、総理大臣にとっては伝家の宝刀だ。今国会は抜くそぶりだけだったが、次は秋に臨時国会を開き、本当に宝刀を抜く可能性が取りざたされている。

また、近いうちに解散風が強まることになる。その風速を今から予測するのは難しいが、僕としては、15メートルくらいの風速では驚かないくらいの、どっしりしたキャスターにならねばならない、と考えている。

※筆者注　議員A、議員Bはほぼ架空の存在であり、風速は筆者の個人的な体感です。

沖縄慰霊の日に【2023年6月25日】

ことしの梅雨は少し長引いた。6月23日の沖縄慰霊の日までに、梅雨明けの発表は間に合わなかった。

沖縄全戦没者追悼式が営まれた平和祈念公園。夜が更けても収まらない蒸し暑さに、手のひらがじっと汗ばむのを感じながら、僕は中継カメラの前に立った。でも、背中を伝うのは冷や汗だったかもしれない。それくらい、この日のコメントづくりは追い込んだ。

ニュースキャスターにもいろいろあるだろうが、僕は面倒くさい部類かもしれない。普段から、番組冒頭をはじめ、重要なＶＴＲの項目の区切りなどには、自分の言葉で語りたい思いが強い。コメントは一から自分で書き始めることが多いし、ディレクターたちが案文を考えてくれても、手を入れてほぼ完全に上書きしてしまうこともある。申し訳ないな、と思いつつ。

しかも、出張で外に飛び出す中継オペレーションになるとなおさらだ。僕自身がコメントする時間と手間は2倍、3倍になる。自ら足を運んで取材した分、思い入れも強くなり、コメントづくりに打ち込んでしまうのだ。

ことしの沖縄慰霊の日もそうだった。

これでもジャーナリストだから、客観性を損なわないよう、控えめに取材実感を語ることを心がけている。VTRからこぼれてしまった事実を過不足なく補い、言葉の選択にこだわり、心してコメントを作成するのがモットーだ。

しかし、この日はいつにも増して、キーボードを打つ手が進まない。

今回の最大のテーマは、戦争の記憶の継承だ。先の戦争から78年が経ち、戦争経験者が少なくなっていく。結果として、戦争を知らない戦後世代が、戦争を語り継ぐ「主体」となっていかなければならない。時代は難しい局面に入っている。

平和祈念公園にある「平和の礎《いしじ》」に刻まれた戦没者の名前は、実に24万人余り。4年ぶりにコロナによる行動制限が解除されたとあって、たくさんの人が訪れていた。地元の新聞は、「例年と比べて少なかった」とその印象を記していたが、戦争経験者がそれだけ減ったからだろうか。その分、子や孫を連れてやって来る戦後世代の姿が目立ったように感じた。

大阪から来たという親子は、直接沖縄戦と関わりはないそうだ。だが、両親は中学生の息子に学校を休ませ、平和の礎を訪ねたという。

「同じ苗字の人の名前がずっと並んでいました。同じ家族の人たちなのかなと思いました」と少年は語った。彼はきっと実感したのだ。地域ごと、家族ごと、一般人が犠牲になる惨劇が、あの太平洋戦争末期の沖縄戦だったということを。戦争の現実と平和への願いが、78年という時空を超えてひとりの中学生へと伝わった。この平和の礎をかすがいとして。

そこに僕はある種の「救い」を感じた。

戦没者追悼式で高校3年生の平安名秋《へいあんなあき》さんが「平和の詩」を朗読した。会場で聴きながら、僕が感じた「救い」は、「頼もしさ」へと変わった。「礎に刻まれた『兄』に」「そっと触れるおばぁの涙」によって、そのとき中学生だった平安名さんが覚醒していく。

私は過去から学び
そして未来へと語り継いでいきたい
おばぁの涙を
沖縄の想いを

かけがえのない人達を
決して失いたくはないから

今日も時は過ぎていく
いつもと変わらずに

先人達が紡いできた平和を
次は私達が紡いでいこう

今回、僕たちの番組がテーマとしていた「戦争の記憶の継承」は、ひとりの高校生によって、鮮やかに体現されていた。僕は率直に感動を覚えた。

追悼式を終えた後、高齢のため直接足を運ぶことができないおばぁに代わり、平安名さんは、おばぁの兄の名が刻まれた礎に花を手向け、祈った。

「おばぁは、刻まれた名前でなく、この名前を通じて兄そのものに触れていたのだと思います。遺骨も帰ることがなかった兄そのものに」。平安名さんは静かに語った。

こうした印象的な取材の数々は、すべて映像に記録され、誠実に編集された。そのVTRが流されるのを受けて、僕が現場からの中継でコメントを述べることになっている。

そのVTR以上に付け加える言葉が見当たらなかった。「VTRからこぼれてしまった事実を過不足なく補い、言葉の選択にこだわり、心してコメントを作成する」のがモットーのはずが、放送時間が迫ってきても焦るばかりである。

そうして、僕は腹を決めた。

今回のテーマは「戦争の記憶の継承」だ。それはこれまでも、そしてこれからも続くテーマである。目新しい表現にこだわってみても仕方がない。シンプルに、繰り返して訴えていくことにこそ意味がある。だから僕は、平安名さんが強調した詩の一節を、もう一度紹介することにした。悩んだ末の中継コメントは、こう締めくくった。

「私自身、戦後の高度成長期に生まれ、平和な時代を生きてきました。平和な日常が当然であるとさえ、感じて生きてきました。しかし、ウクライナをはじめ、世界で今も戦争が頻発する現状を考えたとき、決して平和は当たり前のものではないのだと改めて感じます。平安名さんの平和の詩をもう一度かみしめます。『先人達が紡いできた平和を　次は私達が紡いでいこう』。沖縄のひとりの若者が発したこの言葉の意味は、極めて重いと思います」

面映《おもは》ゆいような、ストレートなコメントだ。でも、この日は許されると思った。こうしたコメントを、これからも臆せず伝えていこうと思った。

僕たち取材チームが沖縄から東京に帰った翌日、沖縄の梅雨が明けた。一方東京では、なおしつこい雨雲とお付き合いをしなければならない。

本場である沖縄には遠く及ばないが、わが家の家庭菜園では、10日ほど前に芽を出した直まきのゴーヤが、ようやく本葉を伸ばし始めた。これから旺盛に育ち、東京で梅雨が明けるころには、濃い緑の実を、ひとつふたつ付けているに違いない。

第5章
ニュースとインタビュー

2023年7月〜12月

「論理の飛躍」に気をつけろ【2023年7月10日】

「つい昨日のことのようだ」とか、「もうずいぶん昔のことだ」などと、人は記憶のありかを表現する。でもこの事件だけは、そのどちらでもないような気がしている。

安倍晋三元首相が銃撃によって亡くなった事件から、7月8日でちょうど1年が過ぎた。

金曜日のことだった。僕はまだそのころ、月曜から木曜までの報道ステーションが守備範囲であり、金曜はフリーだった。だが、「安倍氏・凶弾に倒れる」の一報にすぐテレビ朝日に駆け付け、4時間にわたる緊急特番に臨んだ。そのときのことは、もちろんよく覚えている。だが、あれだけの生々しい事件なのに、僕は正直、「つい昨日のことのようだ」という気持ちにならない。

事件の後、あまりにもいろいろなことがあったからだろうか。

最たるものは旧統一教会の問題が改めて明るみに出たことだろう。山上徹也被告の動機をめぐる供述などから、旧統一教会の闇が再び暴かれた。

自民党を中心とするかなりの議員が、教団をいわゆる「集票マシーン」として使っていた実態が明るみに出た結果、閣僚のクビが飛んだだけでなく、票になれば何でもありと言わんばかりの悪食《あくじき》ぶりが、さらけ出された。

わずか1年の間だが、「つい昨日のことのようだ」などと思えないほどさまざまな問題が惹《じゃっ》起《き》された。

一方で、事件自体を、「もうずいぶん昔のことだ」とも思えない。なぜなら、まだすべてが宙に浮いたままだからだ。

旧統一教会の韓鶴子《ハンハクチャ》総裁が先月末、「岸田（首相）をここに呼びつけ、教育を受けさせなさい」などと述べたという音声が、メディアに出回った。反省のかけらも感じられない。信教の自由という名のもと、信者を洗脳し、寄付をかき集めるやり方にはもう歯止めをかけなければならない。教団の解散命令請求を視野に入れた文部科学省の調査は、まだ途上である。

また、政治の世界も、本質的なところは変わっていない。

旧統一教会との関係について、自民党は「教団や関連団体とは一切関係を持たない」と宣言したが、春の統一地方選挙では、地方議員と教団との根深い関係が指摘されるケースがあった。「関係を持たない」とする約束をどう担保していくのかは明らかでない。

宙ぶらりんのままなのは、旧統一教会に絡む問題だけではない。政治そのものも、いまだ「安倍時代」の形が残る。安倍氏亡き後も、引き続き「安倍派」を名乗らなければ結束が覚束ない最大派閥は、その象徴的な存在と言える。

そして、あの事件が僕の心の中で置き場所が定まらない、もうひとつの理由がある。それは、旧統一教会への恨みが、安倍元首相の殺害へと一気に転化したことへの強烈な違和感だ。違和感にとどまらず、そこには危険な「論理の飛躍」を感じる。

山上徹也被告からすれば、教団に報復する上で、襲撃はある意味、論理的かつ運命的だったのかもしれない。安倍氏は旧統一教会と政界との関係をつないできたとされる人物であり、しかもその知名度と影響力は十分すぎるほどだ。旧統一教会の宗教二世として悲惨な生活を強いられた被告にとって、教団の「悪」を最も効果的に世に知らしめるタイミングが、偶然にも訪れた。急な遊説計画の決定で、被告の住む地域に安倍氏がやって来たのだ。しかもかなり警備が手薄な状況で。

山上被告の宗教二世としての生い立ちには同情する。旧統一教会の教義を信じることで救われた人もいるのかもしれないが、もたらした悲劇は甚大だ。そうした集団が、長い間、日本社会に影響を与え続けた事実は、政治家や、われわれマスコミも自省を込めて、厳しく受け止めなければならない。

だが、同情を超えて、ネット上などで、山上被告をあたかもヒーロー扱いする声があるのは危険だ。山上被告の「論理の飛躍」は、決して受け入れられない性質のものなのだ。

そこに気づかずに、あるいは気づいていながら「この際、それは仕方ない」とでも言うように、被告の行動に免罪符を与えてしまってはならない。そうした風潮がある種の市民権を得れば、政治家などへのテロが横行した、戦前の不穏な時代と重なっていく。

安易に闇バイトに応募した若者が、強盗などの凶悪犯罪に手を染めてしまう、そんな時代だ。温暖化した地球は悲鳴を上げ、梅雨末期ともなれば、「今まで経験したことがない」豪雨災害が、あちこちで頻発する。そしてＡＩは人間の仕事を奪う。

さまざまな不安やストレスが社会を覆い、人心は疲弊している。「山上被告の犯行は社会のせいだ」などと言うつもりは毛頭ないが、あの事件は、そうした不安な社会を形作るピースのひとつとして、すでにはまり込んでしまっている。

あの事件を、過去のこととして片付けられない理由はそこにあるようだ。

「つい昨日のこと」でも、「もうずいぶん昔のこと」であっても、それは感じ方の差こそあれ、過去の記憶である。ところが、この事件は、記憶の範ちゅうからはみ出し、なお現在進行形の要素を多分に含んでいるのだ。

だからこそ、手をこまねいているわけにはいかない。あのような事件を二度と起こしてはならない。そのためには、今起きている事象に正面から向き合い、正しいことは正しいと言い、間違っていることは間違っていると言うことが大事だ。その両方が交じり合っているケースは、多角的に物ごとを見ることが必要だ。

当たり前のことだ。だが、これまで以上に、その当たり前のことが大事な時代になっている。

自慢の息子

【2023年7月23日】

闘病する息子を囲んだ家族写真。そこに写った父親の顔を見て、「ひょっとして」と思った。

息子さんの名前は横田慎太郎さんという。鹿児島実業の野球部を経て、2013年、高卒で阪神タイガースからドラフト2位指名を受け、入団。3年目には開幕スタメンを勝ち取るなど、将来を嘱望された外野手だった。しかし、脳腫瘍におかされて選手生命を絶たれ、闘病の末、7月18日に帰らぬ人となった。28歳の若さだった。

少し状況を説明しなければならない。

報道ステーションはその日、慎太郎さんの追悼特集を放送した。引退試合での「奇跡のバックホーム」。命を削りながらの講演活動の数々。短くとも光り輝いたその人生はしっかりと記録されなければならない。そんな思いが、彼を取材してきたディレクターを突き動かし、母親のまなみさんがインタビューに応じてくれた。

僕はその特集を、番組本番のさなか、スタジオの一角に置かれたモニター画面で見たのだった。本番中であることも忘れて画面に見入っていた。その中で紹介された家族写真に、僕の目は止まった。病が進み、苦しい状況の中、その写真には強いきずなで結ばれた家族の姿があった。そして、僕はその父親の顔を知っていると、そのときに気づいたのだ。

よこた……。そうだ、短期間ではあったが、父親と僕はチームメイトだった。

その父親とは、駒澤大学で強打の外野手として鳴らし、卒業後はプロ野球ロッテでも活躍した横田真之《まさし》君だ。横田君と僕は、昭和58（1983）年、大学の日本代表メンバーで一緒だった。その中でも主力選手だった横田君を、ベンチを温め続けた僕がチームメイトと呼ぶには少し気が引けるのだが、お互い大学3年だった横田君と僕は、1か月以上にわたって、神宮球場に近い宿で共に合宿生活を送ったのだった。

そうだったのか。亡くなった横田慎太郎さんは、あの横田君の息子さんだったのか。横田君とはそのとき以来交流が途絶えていたとはいえ、気づくのが遅すぎたと、僕は我が身の不明を恥じた。

横田君の長男、慎太郎さんに脳腫瘍が見つかったのは、慎太郎さんがプロ4年目を迎えた2017年の春のキャンプだった。「打球が見えにくくて、目に黒いラインが入った感じがした」のがきっかけだった。18時間もの手術、半年間の闘病生活を経てグラウンドに戻ったが、目に後遺症が残り、打球をうまく追うことができない。そして、選手生活に別れを告げる決心をし、2軍の公式戦が引退試合となった。

8回、守備位置のセンターにつくと、相手のヒットが飛んできた。セカンドランナーが猛然とホームに突っ込む。生前の慎太郎さんいわく、「誰かに背中を押されたかのように」前進してキャッチすると、本塁に全力で送球した。ノーバウンドの、完璧なストライク送球。判定はタッチアウトだった。

野球の神様が最後にプレゼントしてくれたような「奇跡のバックホーム」は、その後の語り草となった。


番組の特集では、母親のまなみさんへのインタビューを中心に、慎太郎さんの引退後の活動にも焦点を当てた。腫瘍は脊椎に転移。これを克服したかと思えば今度は脳腫瘍が再発。困難は幾重にも降りかかった。

それでも慎太郎さんは、同じような病に苦しむ人たちを思い、「元気を与えたい。前向きに闘っていくための力になりたい。それは僕の義務だと思いました。僕がやらなければならないのはこれなんだ」（著書『奇跡のバックホーム』幻冬舎、より）と覚悟を決め、全国を講演して回った。腫瘍の影響で右目が失明してもなお、意欲的に活動した。

付き添い続けた母親のまなみさんは、「講演に行った先で、体力的に大変だったと思うんですけれども、（終えて）帰るときにはかえって元気をもらっていたんですね」と振り返る。「うまい言葉ではなかったんですけど、考えながらゆっくりと実話を話していったことが、多くの方に勇気と希望を与えていたんだなと、改めて思いました」

引退試合での「奇跡のバックホーム」のように、慎太郎さんの真摯な言葉は、聞く人の心にストレートに刺さり、それはある種の熱を帯びて、講演をする側の慎太郎さんのもとに返ってきたのかもしれない。野球から講演へと舞台を変えて、慎太郎さんは聴衆と心のキャッチボールを続けていたのだと思う。

まなみさんによると、父親は愛息の最期にあたり、男泣きに泣いたという。慎太郎、慎太郎と、大きな声で呼びながら。

日本代表として、共に合宿生活をしていたころ、横田君は寡黙で、生真面目な男だった。厳しい練習で知られた駒澤大学野球部の気風は、横田君のような男には合っていたのかもしれない。合宿中も、夜、畳の部屋で懸命に素振りを続けていた姿を思い出す。

父親による、野球を通じた厳しくも優しいしつけのせいか、慎太郎さんは、どんなときにも「ありがとう」という感謝の言葉を忘れない青年だったと、まなみさんは語る。慎太郎さんが所属する阪神の監督だった金本《かねもと》知憲《ともあき》さんは、「がむしゃらな全力疾走、本当に歯を食いしばっている姿」が真っ先に思い浮かぶと言う。そして、「ベンチにいても、ロッカーにいても、常に誰かにいじられているような、本当にみんなから愛される性格でした」と振り返った。

横田君にとって、慎太郎さんはきっと自慢の息子だっただろう。プロ選手となった自分の後を追い、野球の道に進んだ息子の将来を、どれほど楽しみにしていただろう。

胸を揺さぶられる思いでVTRを見つめていた僕は、同じく息子を持つ父親として、横田君の心の内を思った瞬間、涙が込み上げた。あふれる一歩手前でかろうじてこらえた。

人生とは、どれだけ生きたかではなく、どう生きたかだ。

そんな言葉が頭に浮かんだ。だが、慎太郎さんの不屈の生き方と、支える家族のきずなの前に、月並みな言葉は無力だと感じた。

VTRが終わり、スタジオに画面が切り替わったが、僕は、「謹んでお悔やみ申し上げます」という言葉を発する以外、何もできなかった。

想定を超えてゆけ

【2023年7月31日】

台湾への出張取材を終えて荷物を片付けていると、いつの間にかコタローがトランクの中に入り込んでいる。「今度はボクも連れて行ってね」とせがんでいるみたいだ。

コタローは、空《から》のトランクを見ると必ず入り込む習性がある。だからこの光景は想定内である。キミの行動は読まれているというわけだ、コタロー。

コタローの動きと違って、ニュース企画やドキュメンタリーのロケ（取材）の場合は、そうはいかない。当然、事前のリサーチには力を入れるし、それが十分であればロケは順調に進む。それでも、現場ならではの想定外の発見が多い方が面白いし、僕は想定を超えるロケをしたいと、いつも思っている。

報道ステーションでは7月22日から25日にかけ、台湾でのオペレーションを展開した。海峡を挟んで威圧を強める中国に対し、台湾はどう向き合うのかという、まさに東アジアの生命線とも言えるテーマだ。

この日、中国人民解放軍の侵攻を想定した、年1回の全市民参加による防空演習が行われた。空襲警報と同時に、近くの地下シェルターに市民が一斉に避難する訓練だ。車を運転中なら乗り捨てる。バスも緊急停車し、乗客は降車して地下に駆け込む徹底ぶりだ。中心都市・台北市内だけでも、避難に使われるシェルターは、地下鉄の駅など4600か所以上ある。

もちろん、日本を出発する前からそのことは調べていた。だが、演習を実際に取材すると、背筋が「ぞわっ」とする感覚に囚われた。衝撃は想定を超えるものだったのだ。

心臓部である台北駅前に陣取り、空襲警報が鳴る午後1時を待った。定刻が近づくと、市民が慣れた様子で地下へと移動し、店舗はシャッターを下ろし始めた。

そして、けたたましい空襲警報が鳴った。僕とカメラマンは、サイレンのスピーカーのすぐ近くにいたので、まずはその大音声に飛び上がった。そして、地上にいた

残りの市民たちも、みな地下へと駆け込んだ。

そこに残ったのは、不思議な静寂だった。

さっきまで歩いていたはずの人がいない。車はハザードランプをつけたままほったらかしだ。近くの人影と言えば、取材許可証を手に入れることができた僕とカメラマンの2人だけである。街は人の営みがあってこその街なのに、あっという間にもぬけの殻だ。

わずか数分で、大都会を空っぽにしてしまうという、市民のある意味での「熟練」に、僕は驚きを覚えた。台湾の人々が、心の底で認識している「有事」の姿がそこにあった。僕はカメラに向かい、目に映るものを描写し続けた。まるで静寂を怖れるかのように。

台湾の人々に刻み付けられている防衛意識は、高い政治意識にもつながっている。前回の台湾総統選挙の投票率は、75％に上った。

そして台湾は、半年後に再び総統選挙を迎える。台湾では、大陸・中国からの独立志向が強い与党・民進党と、対中融和姿勢をとる国民党という、2大政党がしのぎを削る構図が続いてきた。だが、今回は変化が出ている。民衆党という、防衛力の整備と中国との実務的な対話の両立を図る中道路線を掲げた政党が、急速に存在感を増している。その原動力となっているのが政治の刷新を目指す若い世代だ。

もちろん、そのことも事前にリサーチ済みだ。そこで、街で若者たちに、実証的に街頭インタビューをすることにした。場所は、台北の西門町。東京で言えば原宿のような、若い人たちが集う最先端の街である。路上パフォーマンスを繰り広げるグループがいた。奇抜なファッションで着飾ったカップルも。そうした若者たちが、しっかりと政治を語る姿が新鮮だ……というか、そうなる想定だった。

しかし、現実はそうはいかないものだ。

インタビューをしようと、「日本のテレビ局です」と声をかけるのだが、大概はスルーされてしまう。なかなか取材成果が上がらず、取材チームに焦りの色が浮かぶ。

ここで、今回の企画の立案者でもあるデスクのN君が、勝負の一手を打ってきた。路上で途方に暮れていた僕に向かって走ってきて、「すぐあの女性たちにマイクを向けてください。インタビュー、受けてくれるそうです！」と言う。見ると、セーラームーンの服を着たコスプレ姿の2人連れだった。「年齢、若すぎない？」と聞くと、「大丈夫！　2人とも20代。選挙権、あります！」とN君は興奮気味だ。

ならばと、選挙への関心などについて2人に質問をしてみた。しかし、会話はほずまない。選挙とかは「関心ない」そうだ。空振りである。「時間を取らせてごめんね」と謝って別れようとすると、彼女たちは気の毒そうに僕を見て、「東京恐怖学園」という、納涼イベントのチラシをくれたのだった。

デスクのN君は、セーラームーン姿の2人が語るハイレベルの政治論議、というギャップとインパクトを期待したに違いない。その気持ちはよく分かる。まあでも、現実とはそういうものだ。政治に関心がない若者が一定数いるのは当たり前だし、思いどおりにことが進んだらむしろつまらない。

がっかりしたN君はそのまま納涼イベントへと消えてしまいそうな様子だったが、その果敢な挑戦がきっかけとなったのか、以後の取材成果は相当なものとなった。台湾のお家芸である半導体産業で仕事をする若い男性や、幼い子ども連れの夫婦など、面白いように生き生きとしたインタビューがとれ、台湾の人たちの政治意識のありかを探ることができた。

台湾の総統選挙は来年2024年の1月だ。そのときにはまた取材に来たい。デスクのN君は、さっそく取材計画を練り始めている。民進、国民、民衆という3党の候補による激戦に胸を躍らせながら。

いとわろし

【2023年8月5日】

「春はあけぼの。やうやう白くなりゆく山ぎは、すこしあかりて……」

『枕草子』の冒頭の一文を読み上げながら、古文の教師が言う。

「平安時代に清少納言が書いた、いわば随筆だね。春は何といっても夜明けがいい。遠くに見える山の端の方が、だんだん明るくなっていく様子がいい感じだなあ、という意味だ。で、こういう心情を当時は『をかし』と言ったわけだ。面白い、趣がある、英語にすればinterestingというところだね。『いとをかし』だと、very interestingだ。でも、答案用紙に英語で書いたらマルあげないよ！（ここで生徒が笑う）」

高校時代、こんな授業を受けたかどうか定かでないが、少なくとも「春」についての説明は不要だった。平安時代も昭和も、春は春だからだ。

ところが、「春とは何か」という説明が必要な時代が、ひょっとしたらやってくるかもしれない。異常気象を研究している三重大学の立花義裕教授によると、四季に恵まれた日本とは言うものの、温暖化が進む中で、これからは長くて暑い夏と、寒い冬への二分化が進み、ほぼ

「二季の日本」になっていく可能性が高いというのである。

要因はいくつも複雑に絡み合っているが、立花教授が着目しているのが、北極の温暖化だそうだ。北半球には偏西風という西向きの大きな風の流れがあるが、北極と熱帯の寒暖差が大きければ、その「はざま」を偏西風は西へと突き進んでいく。しかし、北極が温暖化して南との寒暖差が小さくなると、偏西風は速度が遅くなる。遅くなると蛇行を始める。

大まかに言って、偏西風の北側には寒気が、南側には暖気がある。夏の日本は巨大な太平洋に面しているという地形的な特徴から、大きく波打つ偏西風の、凹凸で言えば凸の部分に高気圧がすっぽりとはまりやすくなる。こうして、夏が春や秋の領域まで広がり、長くなる。

一方で、冬になると偏西風の蛇行が夏の裏返しのようになり、日本は大陸からの寒気に覆われるので、冬は冬として厳然として存在する。そうして、日本は長く暑い夏と、寒い冬に二極化していくのだという。

僕は昨年の7月、梅雨が明けたというのに雨雲が居座り、あちこちにゲリラ雷雨をもたらす様子にほぼカンシャクを起こし、このコラムで「五季の日本」と題した拙文を書いた。「冬、短い春と来て、猛暑をセットにした雨季があり、次に本格的な夏が来て、短い秋を経て冬に戻る。かくして四季の国・日本は五季の国となった」などと記した。

ただ、僕が直感的に感じた「五季の日本」と、立花教授が言う「二季の日本」は、暑苦しい時期が長くなり、春と秋が短くなるという点で、似かよったことを言っている。僕ら一般人の肌感覚と、専門家の分析はほぼ一致しているわけだ。

これは恐ろしいことになってきた。

近未来の日本の古文の授業では、枕草子の「春はあけぼの」を教える際、こんなふうに教えるのかもしれない。

「昔、日本には冬と夏の間の季節を指す、春という季節があったそうだ。今でも日本の一部では、ソメイヨシノという桜が咲いているでしょ。あれが、3、4、5月と日本列島の南から北へと順に咲いていったそうで、その様子を昔の人は、『桜前線』と呼んだそうだ」

これでは本文の読解にたどり着くまでが大変だ。

待てよ、春だけじゃない。清少納言は「秋は夕暮れ」と言ったが、秋という季節についても、もはや名残だけになってしまうのかも。

「先生、秋って何ですか？」

「そうだなあ。昔は夏の後、冬に入る手前に秋という季節があったらしい」

どうしたものか。この時代の人たちは、例えば稲穂が垂れる黄金の田んぼや、つやつやした新米のおいしさを知らないということなのか。そもそも、米に限らず、四季がなくなった日本では、どのような食生活を送るようになるのだろうか。

想像が飛躍しすぎた。話を今に戻そう。

このコラムを書いている8月5日の夕方現在、非常に厄介な動きを続けている台風6号が、沖縄本島のほぼ全域と鹿児島の奄美《あまみ》地方の一部を暴風域に巻き込んでいる。一旦離れたにもかかわらず、Uターンしてきた出戻りの台風であり、沖縄では雨風そのものに加え、停電や断水などの被害に見舞われた。

つかの間の平穏期間にやっと復旧した電気が、また止まってしまったという家庭や、飛行機の運航のめどが立たず、ホテルに缶詰めのままという旅行客も多い。

立花教授によると、今回の台風6号のように、高い海水温でエネルギーを補給され、居座り続ける台風も、これからは珍しくなくなるという。季節が四季からほぼ二季へと移行していくことを含め、もはやそれは異常気象ではなく、「ニュー・ノーマル」、つまり、新しい日常となることを覚悟しなければならないと指摘する。

嘆いてばかりもいられない。「枕草子」の表現を借りれば、「ニュー・ノーマル」は「いとわろし（非常によろしくない）」、ということになるが、人間は知恵と工夫でこれに対処するしかない。

経験なき継承者として

【2023年8月14日】

ことし5月、G7広島サミットを取材したときのことが思い出される。

ウクライナのゼレンスキー大統領が急きょ駆けつけ、世界が注目したサミットだった。最終日、ゼレンスキー大統領が岸田首相にエスコートされ、広島の平和記念資料館を訪れることになった。われわれのスタッフは、公園から200メートルほど離れたマンションの高層階の住人にお願いし、ベランダに陣取り、その様子を撮影することにした。

大統領の車列の到着、岸田首相の出迎え。そして両首脳は、原爆犠牲者の慰霊碑へとゆっくりと歩を進めながら真摯に語り合っていた。このサミットでの最も印象的な場面だった。

実はゼレンスキー大統領以外にも、帰国前に平和記念資料館を訪れた首脳がいた。カナダのトルドー首相である。カナダ国旗が公用車にひるがえっていたので、離れたベランダからでも、それはすぐに分かった。それにしても、トルドー首相を含むG7の首脳は、すでに一度は揃って平和記念資料館を訪れ、見学したはずである。しかし、トルドー首相は、会議が終わった後、もう一度資料館を見たいと願ったのだという。原爆がもたらす悲惨な現実が、51歳の若き指導者の心を動かしたことになる。

それは、惨禍を生き抜き、二度と原爆が投下されることがあってはならないと訴え続けた被爆者たちと、それを受け継いできた広島の人たちの努力のたまものだろう。78年という時間を経ても、広島や長崎が発するメッセージは強い。

同時に、しっかりとその地に刻み込まれた記録が持つ力によるものと言っていい。広島の平和記念資料館も、長崎の原爆資料館も、いずれもが大切に運営され、訪れた人々の心に忘れがたい何かを残し続けている。

5月のサミットの際に、僕も広島の資料館を訪ねたが、被爆の実相を伝える展示物の前に立ち尽くしてしまった。涙を流す人、見学を終えてもしばらく身動きできない人の姿が、日本人、外国人を問わず、いたるところにあった。

そうなのだ。しっかりと記録に残し続けることが大事なのだ。

このところ、僕は戦争を知らない自分たちの世代が、後世に戦争を語り継ぐことの責任について、あれこれ考えを巡らせてきたのだが、答えのひとつは、やはり記録というキーワードにあるように思う。

自分の経験を考えれば、さまざまな記録に触れてきたことが、自分なりに平和を願う大きな礎になっている。広島、長崎の資料館だけではない。取材で世界の国々を旅すると、主要な町には必ずと言っていいほど、過去の傷を風化させまいとする博物館がある。

ポーランドのアウシュビッツ収容所はその代表的なものだ。収容所がそのまま博物館として維持・保存されており、そのこと自体が記録という行為にほかならない。僕は、ここに展示されていたある書類が忘れられない。それは、ユダヤ人の遺体の口から取り出された金歯を、ナチス・ドイツが業者と取引したことを示す書類だった。

また、バルト三国のひとつ、リトアニアの首都ビリニュスでは、旧ソ連に支配された時代のKGB（国家保安委員会）の建物が博物館として使われていた。独立を求めたパルチザンへの迫害のすさまじさを伝えている。水を張った小さな部屋に置かれた小さなコンクリート盤は、容疑者を尋問の際に立たせる足場だった。冬、気を失って倒れれば、次には氷の恐怖が待ち受ける、という何重にも残酷な設計の拷問となっていた。地元の中学生の一団が見学に訪れていたが、女子生徒のひとりが、たまらずその場にうずくまっていた。

こうした博物館や資料館を見ることについて、「怖くていやだ」と思うのは、ある意味、自然な感情と言える。僕もそうした場所に入る際には、ひとつ気合を入れないと気持ちが持たないことがある。

しかし、それでも僕たちは、目をそらしてはならない。そして、僕たちの子や孫の世代にも、戦争の実相を伝えるそれらの記録を直視するよう働きかけ、その機会を積極的に作っていかなければならない。苦痛の中を振り絞るようにして刻み付けた記録の数々こそ、僕らが後世に引き継ぐべきものなのだ。

先日、海軍の特攻隊員だった経歴を持つ、茶道・裏千家の千玄室大宗匠にインタビューした。学徒出陣時の思い、訓練の過酷さ、出撃を前に仲間たちに茶を振る舞った忘れられぬ体験。そして、生き残った数奇な運命。

どれひとつとっても、後世に残したい貴重な体験談だった。そして千大宗匠は、100歳になった今も、精力的に国の内外を講演して回り、外国の要人に茶をたてる。茶道における「やわらぎ」の心を伝えるために。「丸い茶碗は地球そのものなのですよ」と諭《さと》しながら。

御年100歳の大宗匠が、こうして骨身を削って戦争のない世界を目指し、活動している。自分たちが何もしないで済むわけがない。彼の行動そのものがひとつの大切な記録である。それを伝えることは、放送人としての僕の使命でもある。

安穏と過ぎていく日常に流されず、失われていった数多くの命に思いをいたし、背筋をピンと伸ばしていきたい。

ことしもまもなく、終戦の日を迎える。

あの沢木耕太郎さんに会った

【2023年9月4日】

ノンフィクションの巨匠と言われる人である。

作家の沢木耕太郎さんへのインタビューで、「なるほど」とうなずいたいくつもの言葉があった。以下はそのひとつだ。

「その人の感受性がもし優れていれば、そこのタバコ屋まで行く紀行文の方が、アフリカのサハラ砂漠を横断するより、はるかに面白い紀行文になりうる」

沢木さんによると、これは小説家・吉行《よしゆき》淳之介の言葉からの引用を含むということだが、ボクシングを題材としたルポルタージュなどで知られる沢木さんは、この考え方を発展させて、こんなふうにも語った。

「井上君の素晴らしい試合を書く。すごく素晴らしいスポーツ・ライティングになるかもしれない。一方で、その前座の4回戦の試合に出ている若者のことを、ちゃんと感受性を持って、取材をいっぱいして本当に書ければ、それは井上君の試合と拮抗《きっこう》するもの（ルポルタージュ）

になるかもしれない」

井上君とは、「日本ボクシング史上最高」とも言われる圧倒的実力を備えた、あの井上尚弥《なおや》選手のことである。超人的なアスリートの物語は輝きを放つ。しかし、無名の4回戦ボーイの人生にだって、魅力的な物語は潜んでいると、沢木さんは言うわけだ。

物語と言っても、沢木さんが取る手法は主にノンフィクションである。ある人物への取材を通じて、ファクトの中から、人生の物語をくっきりと掘り出す。そのためには、取材対象者である人物と深い信頼で結ばれ、真実や本音を語ってもらえるだけの関係を築かなければならない。沢木さんは長年、その仕事を続けてきたのだ。

僕も取材者の端くれとして、そのことにはとても興味がある。実は今回のインタビューは、日本家屋の縁側にふたりで座る形で行ったのだが、その位置関係を示しながら、取材における「沢木流」を語ってくれた。

「こうしてふたりで、ちょっとこっちを向いて、それってすごく話しやすい。むしろ、正面を向くと話しにくくなるじゃないですか」

なるほど。そして沢木さんは続けた。

「実は、もっと話しやすいのは、何か重い荷物を、ふたりで片方ずつ持ち合って歩いていくとき。ハーハー言いながら、『それでさ、あのさ』などというときが、一番深いです」

中身もそうだが、僕はなんだか、沢木さんのカッコよさにクラクラしてしまった。

バックパッカーのバイブル的作品となっている「深夜特急」シリーズをはじめ、沢木さんの作品に魅了された人は数知れない。タートルネックにジャケットという若き日の沢木さんの写真は、彼より少し後輩にあたるわれわれ以下の世代には、素晴らしく魅力的で、かつおなじみのアイコンと言っていい。その沢木さんが、写真ではなく実際に僕の前にいて、しびれる言葉を発してくれているのだから、こちらはいつでも脳しんとうを起こす準備はできていた、ということになる。

とはいえ、いつまでもクラクラしていても仕方ないので、「重い荷物をふたりで片方ずつ持ち合う」関係について、もう少し考えてみたい。

この言葉は、自分と家族や友人、恋人といった関係性についても、とても示唆を含むものだと思う。正面切って向き合うという、どこか肩の凝った姿ではなく、さりとて淡泊でもない。お互いに重い荷物を持ち合う関係になれたら、とても素敵なことだと思うのだ。夫婦間や、職場の人間関係についてお悩みのご同輩、いかがでしょうか。

そして当然ながら、取材者としての僕たちの仕事についても、大いに刺激となる言葉だった。

思えば僕も現場の政治記者時代、ごくわずかだが何人かの政治家と、重い荷物を持ち合うような関係になれたように思っている。口の悪い人には、「政治家と政治記者の癒着」などと言われたこともあるが、冗談じゃない。そんなに安っぽいものではない。

それは、今の「報道ステーション」の現場、つまり、番組のディレクターや記者、アナウンサーたちについても言える。

ニュースに追われる毎日だ。日々、新たな事態に遭遇し、取材先を探し、限られた時間の中で、最適な報道を目指す、その繰り返しである。ニュースをかろうじて「消費」しているのだと言われればその通りだ。

しかし、その限りでもない。

誠意を持って取材に当たることで、それが仮につらい現場であったとしても、取材者に信頼を寄せてくれる人は決して少なくない。例えば災害現場では、取材を終えれば文字通り、「重い荷物」を持って片づけを手伝うことだってある。形はさまざまだが、そうやって取材先との間で信頼関係が培われるようになれば、多くの取材者は、仕事の面でも、そしてひとりの人間としても、計り知れないものを得る。

それがまた別の現場に活かされることもあり、人間同士、生涯の付き合いに発展することも珍しくない。取材という仕事の醍醐味である。

僕は先日、62歳になった。還暦を2年も超えてしまった。それなのに沢木さんと会ってから、僕は取材とは何か、などという青臭いことを本気で考え直している。その沢木さんは、僕よりも10歳以上年上で、そして僕よりずっと青臭い。

そして沢木さんは老境に入った今を語った。

「もう60歳、70歳になったら、何か目的に向かって、『生き方』というレールを自分に設定して突き進む必要はないんじゃないか。心地よい自分の『あり方』を連ねていけばいいんじゃないか。その集積の向こうに『死』というものがあるとすれば、それが明日であっても文句は言わない」

ある種の美学と言っていい。枯れた風情を漂わせつつも、このカッコよさは、すなわち沢木さんの「生き方」そのものと言っていい。「生き方」を「あり方」へとさらりと置き換えてしまうあたりに、われわれが憧れてやまない「沢木耕太郎の本質」があるような気がする。

沢木さん、ずるいなあ。

ことり、と一句【2023年10月2日】

高齢となった母だが、ありがたいことに、ふるさとの新潟で、毎日元気に暮らしている。いつだったかその母が、いかにも残念というふうに、僕に話したことがある。

「子どものころ、『健ちゃん、ピアノやらない？』って誘ったのに、あんたったら『オレは絶対イヤだ』って言うんだもの。ひとりくらいピアノをやってほしかったわ」

今は筋金入りのおっさんである僕も、母からすれば「健ちゃん」である。

わが家は僕を真ん中に、男ばかりの3人兄弟だ。僕が育った昭和のころは（今ではそんなことないはずだが）、ピアノをはじめ、音楽を習うのは女子の専売特許で、活発な男子はスポーツに打ち込む、という固定観念のようなものがあった。少なくとも僕の郷里では。

実際、学校の合唱コンクールでは、どのクラスも例外なく、ピアノ伴奏を担当していたのは女子だった。

戦後の貧しい時代に育った母には、ピアノへの憧れがあったのかもしれない。あるいはピアノがあるような家庭への。

ひょっとすると母は、長男（兄）が生まれたときには考えなかったものの、次に生まれたのも男の子とあって、少し焦りが出てきたのかもしれない。健介と名付けたこの男の子は、名前の通り健やかで元気いっぱいに育ち、普通にいけばスポーツの道に進みそうだ。うーん、それでも……。幼いうちからピアノを習わせるとすれば、この子がラストチャンスかもしれない。

そこで、冒頭のやり取りだ。「ピアノやらない？」、「絶対イヤだ」。母は相当がっかりしたのだろう。

実は、僕にはその記憶はない。母の願望がどのようなものだったのかも、ただ空想で書いてみただけである。僕より6年遅れて生まれてきた弟にも、母は同じ期待を抱いて働きかけた可能性はあるが、真相は分からない。

そして結果として、わが3兄弟の誰もピアノに触れることはなかった。美しいクラシックの旋律が流れる家庭とはいかず、暴れん坊たちによって家の障子は必ずどこかが派手に破け、時には窓ガラスまで割れるような、騒がしい家庭だった。

そんな母の、たおやかな心の琴線に、ほんの少しだけ触れるようになったのは、ごく最近のことである。

公務員だった母は、県庁を定年まで勤めあげた。伴侶である父を亡くしたが、人生のセカンド・ステージでいろいろな趣味を持った。毎週のように山に登り、フラダンスだってやった。その中で、今も続く数少ない趣味が、俳句である。

自販機の　ジュースことりと　日脚《ひあし》伸ぶ

母が教えてくれたお気に入りの自作の一句だ。調べてみると、「日脚伸ぶ」というのは、年が明けて徐々に日が長くなっていく様子を意味し、冬の季語とされている。しかし、この句は、僕には初夏の光景としか思えない。

ジュースを買ったのは母である。暑くなり、高齢の身には厳しい季節がやって来た。それでも健康のために散歩を続ける母にとって、途中で見かけた自販機はありがたい。百いくらかの硬貨を入れてお目当てのボタンを押す。取り出し口に「ことり」と落ちてきた冷たいジュース。日陰のベンチに涼みながら口に含み、「こくん」と喉を鳴らす姿が浮かぶ。

わざと季語を取り違えるようにして、母は五七五の世界で遊んでみたのかもしれない。

つい先日、母と電話で話をしたときのこと。母は、ある同人誌に寄せた一句が秀作に選ばれ、掲載されたと喜んでいた。どんな句？　と聞いてみると、はにかみながら教えてくれた。

若葉風　おずおずマスク　とってみる

こちらの季節は初夏である。新型コロナは山を越え、行動制限がなくなったとはいえ、とりわけ高齢者にはこわい感染症だ。でも外で若葉の風に吹かれているときくらい、まあいいかと、おずおずマスクをとってみるのだ。飾り気のない、良い句だと思う。

母は10月のはじめで満90歳である。

「もう90だよ、健ちゃん」とこぼす。相変わらず「健ちゃん」だ。

年をとるのだけは仕方ないね、という毎度のやりとりだ。その中でも、母の俳句についてあれこれ感想を言ったりする楽しみが増えたのは、なんと幸せなことだろう。

母と息子の間柄。堅いことは抜きということで、母の句をこのコラムに掲載するのは事後承諾にしようと思う。

次に電話するときには、「ごめん、勝手に借用したよ」と断りを入れることにする。そして、僕にピアノを勧めた理由も聞いてみよう。

ついでに言えば、今は毎日の報道の仕事で忙しいけれど、いずれ、僕も俳句の勉強をしてみたいと伝えよう。ピアノを弾くことはかなわなかったけれど、母が大事にしているもののひとつくらい、離れて暮らすこの次男坊が、受け継ぎたいと思っていることを。

見過ごしてはならない【2023年10月16日】

「おい、俺たち、もっとしっかりしようよ！」

中東のガザ地区を実効支配するイスラム組織「ハマス」とイスラエルの悲惨な戦闘のニュースに、日々切なさを感じつつ、足元の日本で起きた一連の出来事に、焦りのような感覚を覚えた。自分たちはもっとしっかりしなければと。

発端は先々週、10月6日の金曜日。この日の番組の打ち合わせで、口をあんぐりとしてしまった。今月、埼玉県議会に自民党県議団が提出した「虐待防止条例改正案」の内容が明らかになった。小学3年生以下の子どもを自宅などに放置することを禁じる内容で、目的は「児童が危険な状況に置かれることを防ぐ」と記されている。目的は至極真っ当だ。

だが、発議者である自民党側の答弁によってその具体的な禁止条項が伝えられ、びっくりしてしまったのだ。

条例改正案で禁止される具体的な「虐待」とは何か。

・子ども（小1～3）だけで留守番させるのは放置であり虐待
・子どもだけでの登校や、公園で遊ばせるのも放置であり虐待
・子どもを室内に残し、保護者が玄関先で宅配を受け取るのは許されるが、子どもを室内に残しゴミ出しや回覧板などを回す外出はグレーゾーン

あまりに非現実的だ。しかも、こうした違反行為を見つけたら通報するよう義務付けるとしている。保護者にあり得ない負担を押し付け、それを監視するという中身だ。

なぜこんな条例案が……子育て世代も多いわが報ステチームの間には、強い疑問の声が上がった。ここは冷静に、しかも迅速に取材を進めなければならないようだ。


そこでスタッフは、条例改正案を提出した自民党県議団の意見と、さまざまな埼玉県民の受け止めの取材に走った。「できるだけ多くの角度から論点を明らかにする」ためだ。

県議団長は取材に答えた。インタビュアーの、「自分も共働き家庭で育ち、家で留守番をすることが多かったが、それも虐待か」という質問に対し、さも当然というふうに語った。

「もちろんそう考えています。日本の場合、それが虐待だという認識が希薄。だからこそ、こうやって法規範で整備をし、認識を高めていただくことが重要。子どもを守るためには親が頑張らなければならない部分も増えるかもしれないが、自分の家庭を見直していただいて……」

一方、埼玉県民からは困惑と怒りの声が上がっていた。いわく、「登下校、全部、親がつかなければならないってこと?」「そういうのが全部虐待と言われると、もう何もできない。仕事をやめなければならない」などなど。「もうみんな、虐待やっていることになります」と、自虐的に語った母親の声が代表していた。

自民党県議団側の主張と、可能な限り足で稼いで集めた人々の声をまとめ、その日の放送に臨んだ。

反響は……推して知るべし、だった。県民の批判が噴出した。ほどなく改正案は、自民党県議団が取り下げを表明し、13日の県議会の本会議で正式に撤回された。

だが、一件落着、で良いのだろうか。

ここで立ち止まって考えなければならないのは、この条例改正案は、わずか数回の審議の後、提出から10日目の13日に、県議会で粛々と可決、成立する運びになっていたということだ。埼玉県議会は自民党が多数を占め、その大半が発議者に名を連ねていたからだ。県民世論が声を上げ、われわれメディアが着目しなかったら、どうなっていただろう。

気づかないうちに「児童が危険な状況に置かれることを防ぐ」というもっともな理由で条例が改正され、答弁に基づいた場当たり的な禁止条項が設けられるところだった。保護者が子どもを常に監視し、それを周囲がまた監視するというルールが。

そこには、子どもを産み育てやすい社会を作るという、根底にある時代の共通認識が完全に欠落していた。

取材した憲法学者は、結局は頓挫した今回の改正案について、「過度の制限であり、憲法違反の疑いがある」とした上で、「ストレスでかえって虐待が増加することも考えられる。その意味では、目的と手段との合理的関連性さえ疑わしい」と指摘した。

誰も反対できない理念（子どもの安全は大事だ！）を掲げて、具体的な行動については権力が一方的に人々を縛り上げる（いつも子どもの近くにいなさい！）。

これは、「大東亜共栄圏」などときれいごとを語り、結局は、「欲しがりません勝つまでは」という標語を刷り込み、国民を悲惨な戦争に巻き込んでいった、日本の過去の経験に通じるものがあるようにさえ思う。

条例改正案を提出した議員団がそんな意図を持っていたとは思えない。だが、時代の悪魔は、ちょっとした隙をついて社会に忍び込むのだ。

僕たちの行動を規定している国の法律や規則、自治体の条例にはしっかり目を光らせないと、ツケは自分自身が払うことになる。国にせよ自治体にせよ、僕たちが政治に無関心であってはならない最大の理由がここにある。

憎悪の連鎖

【2023年10月23日】

あのときと似ている、と感じた。

インタビューしたイスラエルの政府高官の発言は、「標準モード」にあるわれわれの想定など軽く超えていた。ことしの冬、ウクライナのキーウで、国立博物館の学芸員に話を聞いたときと同じ感覚を覚えた。

10月20日の未明、イスラエル首相府の上級顧問を務めるマーク・レゲブ氏とリモートでインタビューした。パレスチナのガザ地区を実効支配するイスラム組織・ハマスがイスラエルを奇襲し、約2００人とされる人質を連れ帰ってから約2週間のタイミングだった。

レゲブ氏は、１４００人もの国民が殺されたと言われる国の最高幹部の一人である。ハマス打倒への強い意志を示すであろうことは、当然こちらも予想していた。しかし、一般市民を巻き込んででもハマスをせん滅するのだ、と明言した点で、僕の安易な想定をすでに超えていた。

レゲブ氏の発言をまとめるとこうなる。

・テロ組織であるハマスの軍事組織の解体と政治基盤の破壊を目指す。
・それはガザをハマスから解放することであり、ガザ市民にも恩恵をもたらす。
・市民の犠牲は最小限に抑えるが、歴史上、市民に犠牲が出なかった戦争などない（＝一般市民の犠牲はやむを得ない）。
・人質をめぐるハマスとの取引には応じない。
・停戦には応じない。一時停戦など絆創膏《ばんそうこう》のようなもの。

イスラエルにはイスラエルとしての大義があるということだろう。僕たちも想像してみなければならない。もし、外部からの攻撃によって、自国民の命があっという間に奪われたとしたら。それが日本だったら、同じような思考回路になるだろうか、ならないだろうか。つまり、そうした事態にうまく想像が追い付かないのが日本の現状ではある。

いろいろ角度を変えながら質問をしてみた。ガザ地区の究極の人道危機を見て、イスラエルを支持する国々からも地上侵攻を思い留まるべきだという声が上がっているではないか。これまでの歴史を振り返れば、武力行使の応酬は禍根《かこん》を残すのみではないか。
しかし、レゲブ氏の答えは一貫し、微動だにしない。ハマスせん滅あるのみ、である。この戦闘を遠く外国から見つつ、流血の事態を一刻も早く止めてほしいと願う僕は、彼らが抱いている、ケタ違いの怒りと緊張のモードに圧倒された。

僕が「似ている」と感じたこの冬のキーウでの経験はこうだった。

国立博物館を取材したときのこと。博物館では、ロシアによる軍事侵攻以降、ウクライナ領内で命を落としたロシア兵の遺品が展示されていた。悲惨だった。ボロボロになった軍靴があった。母親に宛てたと見られる若い兵士の手紙もあった。そしてその手紙は届くことはなかったのだ。

僕は学芸員の女性に、思わず話しかけた。「敵味方を問わず、命の重さは同じですね」と。「その通りです。だから、ロシアは戦争をやめるべきです」というような答えを、内心期待していたのかもしれない。

ところが、学芸員は厳しい表情を浮かべると、「私たちは、侵略者の持ち物を展示しているのです」と短く言い切った。「命の重さは同じ」という僕の言葉が間違っているとは思わない。しかし、あの場での言葉としては適切でなかったのかもしれない。ロシアに今まさに侵攻されている、戦争の当事者たる国の学芸員にかける言葉としては。

同じ20日、徳永アナもイスラエルの重要人物にインタビューを行っていた。『サピエンス全史』（河出書房新社）などの著作で世界的に知られる、歴史学者のユヴァル・ノア・ハラリ氏である。ハラリ氏は、時空を俯瞰《ふかん》的に見ることが求められる歴史学者としての自分と、祖国を執拗なまでに攻撃するハマスを憎むイスラエル人としての自分の間で、苦しんでいるように見えた。事実、今回の攻撃では、叔父と叔母がテロリストに命を奪われる寸前だったという。

「現時点で私は客観的になることができません。この『苦しみの海』に飲まれている人々は、他人の苦しみと共感することができなくなってしまうのです」

しかし、一方で彼は歴史学者としての視点から、このようにも述べている。

「被害者でしかないか、加害者でしかないと思い込んでしまう人がほとんどです。しかし歴史においてこのようなことはほぼありません。どちらかが『絶対的正義』で、もう片方が『絶対悪』だと思い込まないようにすべきです」


イスラエルには、自国民を殺された国として選択すべき「正義」があるだろう。しかし、パレスチナの民には、イスラエルにこれまで虐《しいた》げられてきたという積年の恨みがある。その恨みの発露として取られた行為に対し、それを「正義」と考える人たちは、世界に散るパレスチナ人をはじめ少なくないし、そうした人たちは、ガザ地区の人道危機に無頓着に見えるイスラエルを「絶対悪」と見なす。こうして憎悪の連鎖は続いていく。


ハラリ氏は、「『苦痛の海』に浸かりきりの私たちでは、心に平和のための『余地』がありません。だから皆さんが使ってください」と言った。

遠い中東での出来事ではある。しかし、この戦争が長引けばそれは世界の分断を深め、どの国にとっても他人事でなくなる事態に発展する可能性が高い。

だからこそ、「余地」を残した日本のような国にも役割がある。犠牲者やその家族、コミュニティーに刻まれた深い傷にできるだけ寄り添いながら、事態の悪化を最小限に抑えるにはどうすべきか。「皆さんが使ってください」とハラリ氏が述べた、平和のための心の余地を使って、懸命に考え、発信していかなければならない。

虐殺ではなく、抵抗なのだ【2023年10月30日】

インタビューという行為は、質問を発するインタビュアーの心身を削るものだ。特に、その相手が、命のやり取りをする戦争の当事者である場合は。

先週、イスラエルの政府高官にインタビューしたのに続いて、イスラム組織「ハマス」の幹部とのインタビューが実現した。10月26日、日本時間の午後6時から30分間。リモート形式である。

ネットの画面がつながって、先方の姿が見える。車の中である。居場所を特定されないためだろう。その名をアフマド・アブドルハディ氏と言う。現在はハマスのレバノンの拠点のトップであると同時に、ハマスの広報官の立場と思われる。そして、密接に連携する「ヒズボラ」とのパイプ役を務める。

インタビュアーは、時に自分の立ち位置を端的に示し、それを前提にして話を聞くことが求められる。今回がまさにそうだ。ハマスがイスラエル側への突然の襲撃によって約１４００もの人命を奪い、２００人以上と言われる人質を、ガザ地区内に連れ去った行為は許されることではない。それは非人道的という一点に集約され、国際社会のほぼ総意と言っていい。インタビューの中で僕はまずその立場を表明した。

しかし、同時に僕はこの大事な前提を、アブドルハディ氏は真っ向から覆してくるであろうことを完全に想定していた。そして、実際にそうなった。

「私たちは虐殺を行ったのではない。抵抗しただけだ」と彼は強調した。

世界中に散り散りになり、念願の地にイスラエルを建国したユダヤの人々と、それに伴い祖先からの土地を奪われたパレスチナの人々との怨恨の歴史は、あまりにも複雑に絡み合っている。パレスチナは多くの難民を生み出し、富と強大な武力を持つイスラエルは、徐々にその版図を広げていった。残酷な流血を繰り返しながら。

「ならばパレスチナ人はどうすればよかったのか。自分たちの土地にとどまる権利と、その問題を消し去られたことに対して。（イスラエルによる）継続的な虐殺に対して。そのために、世界中に向かって声を聞いてもらう必要があった。今起こっているように、自らの問題を国際社会に示す必要があったのだ」

ロシアの侵攻を受けるウクライナに、アブドルハディ氏はパレスチナを重ねた。そこには全く異なる国際社会の対応があるという。

「そもそも欧米はダブルスタンダードで対応してきた。ロシアがウクライナを侵攻したとき、『ウクライナには自衛の権利があり、占領者への抵抗だ』とした。しかしながら、パレスチナの土地を占領し、虐殺を行うことでその民衆を追い出した敵を、欧米は占領者とはみなさない」

日本が名指しされたわけではないが、僕の耳には痛かった。

実際、昨年の2月、ロシアがウクライナを侵攻したとき、われわれは、一方的な理屈で相手の主権を侵したロシアを非難し、「ウクライナと共にある」と宣言することに迷いはなかった。しかし今回は、明確にどちらの側に立つという判断に窮し、頭を抱え込む。

10月7日のハマスによる襲撃、人質の誘拐そのものを支持することはできない。一方で、長い歴史の中の、その一部を切り取ってハマスを糾弾しても、両者の憎悪の応酬に歯止めをかけることにはつながらない。

そこのところをハマスは突いてくる。ハマスの行為を支持しないパレスチナ人はいる。しかし、心の底に横たわる反イスラエルの感情は、ハマスほど過激な行為はとらないにしても、共通している。

イスラエルと同盟関係にあるアメリカをはじめ、欧米各国も日本も、その絶望の淵から人々を救い出す解を持たないのだ。そうした中、「屋根のない監獄」と言われるガザ地区に、容赦なくイスラエルの砲弾が降り注ぎ、人口200万人余りのガザで、毎日、数百人という単位で犠牲者が積み上がっている。

国際社会には、共通していると言っていい唯一の認識がある。それは、ガザの地獄だけはなんとか打開したいという願いだ。ああ、それなのに国連安保理は、アメリカとロシアの対立に加え、イスラエルへの距離感の違いもあって、人間としてせめてもの、最小限の願いすら決議できなかった。

イスラエル自身もまた、全身をハリネズミのようにして神経をとがらせている。ハマスせん滅のためには、一定の民間人の犠牲が出るのは仕方がないという姿勢で一貫している。ガザ地区への地上侵攻もなし崩し的に始まっているし、それ以前に、容赦ない空爆で街はすでにがれきの山だ。

アブドルハディ氏は、本格的な地上侵攻となった場合について、インタビューにこう答えた。改めて、彼はレバノン南部に拠点を置くヒズボラとのパイプを担う人物である。

「ヒズボラ指導部は、ガザ地区で起きていることに対し、自らは中立ではないこと、そして敵（イスラエル）が一線を越えれば、戦いに参入すると表明している。地域戦争へと変わる可能性がある」

インタビュアーである僕は黙って聞くほかなかった。仮に、「戦争の拡大はすべきではありません」と言ったとしても何が変わるだろう？　いや、砂漠の雨粒1滴ほどの力ではあっても、彼に模範的な日本人としての感想を伝えるべきだったのだろうか。

分からない。

妻によると、インタビューが報道ステーションで放送されている間、わが家のコタローは身じろぎもせずにテレビ画面を見つめていたという。終わると立ち上がり、その場を去ったそうだ。

何を思ったのか。人間の悲しい宿命か。それともインタビュアーの非力さか。

屍を越えて……【2023年11月13日】

「屍《しかばね》を越えていけ」という言葉は、これまでに戦記物の小説やドラマの中で、何度か目にした。自分の命はここで尽きるが、どうか後に続く者は思いを引き継いで、目的達成のために戦ってほしい。漠然とそんな意味だと捉えてきた。

しかし、あるノンフィクションを読み返してみて、「屍を越えていけ」には、むしろ全く逆の意味も込められているのではないか、と考えるようになった。

読み返したのは、おととし亡くなった、「歴史探偵」こと、先の大戦をめぐる作家の半藤一利さんの代表作『日本のいちばん長い日』(文藝春秋)である。この作品で半藤さんが着目したのは、昭和20(1945)年8月14日の御前会議で、昭和天皇によるポツダム宣言受諾の「ご聖断」が下されてから、翌15日に国民に向けた玉音放送が流されるまでの、極めて危うい1日のタイムラインだった。

自らマイクの前に立ち、降伏を国民に伝えることを厭《いと》わないという昭和天皇の言葉に従い、時の鈴木貫太郎内閣の面々や天皇の侍従たち、さらには日本放送協会の放送員たちは、翌日の玉音放送の準備に奔走する。

が、ことは簡単には運ばない。降伏に納得できない陸軍将校たちは、「全陸軍が一丸となって最後の一兵まで戦えば、かならずや死中に活をうることが可能だろう」と思い詰める。その精神的支柱は陸軍大臣の阿南惟幾《あなみこれちか》大将であった。

多くの軍人に慕われ、帝国陸軍を代表して入閣していた阿南陸相だが、戦争末期は、降伏へと傾く鈴木首相や閣僚たちと、戦争継続を訴える軍人たちとの板挟みとなってきた。作中、こんなくだりが出てくる。

陸軍出身の安井藤治《とうじ》国務相が、士官学校同期の陸相の心情と立場を思いやって、人影のないところで、ざっくばらんに聞いた。

「阿南、ずいぶん苦しかろう。陸軍大臣として君みたいに苦労する人はほかにないな」

「けれども安井、オレはこの内閣で辞職なんかせんよ。どうも国を救うのは鈴木内閣だと思う。だからオレは、最後の最後まで、鈴木総理と事を共にしていく」

と阿南陸相はしっかりといった。

阿南陸相は、降伏後の天皇陛下の地位の存続（国体の護持）に不安を覚えながらも、「心配しなくともよい。私には確証がある」との天皇自身の言葉を聞く。そして、聖断が下されればこれに従うのみとの決意を固めた。同時に、血気にはやる若い軍人たちの気持ちも理解できる。陸相はそれを抑えなければならないと覚悟した。

このとき、阿南陸相はすでに自決の腹を決めていた。そして、降伏の聖断ののち、陸軍省の将校たちを前に言った。

「聖断は下ったのである。今はそれにしたがうばかりである。不服のものは自分の屍を越えてゆけ」

これは、なお戦いを願う者は、自分の屍を踏み越えて、存分に戦いを続けてほしい、という意味だろうか。いや、そのような解釈にはならない。

自分は敗戦の責任と、天皇に苦渋の選択を強いた責任をとることにした。そして、（当時としては）絶対である天皇の聖断がとうとう下ったのだ。ここに至っては、不服を抱く者も自制すべきである。どうしても蜂起すると言うなら、自分の屍がそこに断固として立ちはだかる。

実はそんな意味が込められていたのではないか。

とはいえ、聖断が下った後、やはり何人かの将校が決起してクーデターを起こした。宮城《きゅうじょう》を支配下に置き、天皇への直談判を試みた。その鬼気迫る緊張は半藤さんの著作に余すところなく描かれている。

しかし、クーデターは鎮圧される。その行く末を、半藤さんはこんな風に描写している。

このころ（中略）、阿南陸相自決の報が伝えられた。省内の空気はみるみる一変していった。陸相の従容《しょうよう》たる最期が、士官たちの沈み、荒んだ心に、かすかな灯をともしたようであった。敗戦――この冷厳な事実にたいして、ふっきれない軍人的心情は変らぬとしても、省内の統制は恢復《かいふく》しつつあった。陸相の死が、武人の義務をひとびとの心によみがえらせた。陸軍省は心に喪章をつけて喪に服した。

僕は自決をもって潔しとする当時の気風に、決して賛同するものではない。それに、半藤さんのこの代表作を読み解いた書評など星の数ほどあるだろうから、その末席に加わろうなどとも思わない。

ただ、僕がこの本を手に取ったのは、パレスチナ自治区のガザ地区やイスラエルで、あるいはウクライナで繰り返される殺戮《さつりく》行為と、残酷に積み上がる死者の数に、どうにもやりきれない思いが募るからだ。戦争の終わらせ方について、少しでも学びたかった。

尊い命は、なぜ失われ続けなければならないのか。イスラエルの高官が述べるような、「ある程度の民間人の犠牲はやむを得ない」と言うほどの大義とは、果たして何なのか。

それぞれの主張する正義はあるだろう。しかし、これまで積み重なった累々たる屍は、血気にはやった者たちが「乗り越えていく」対象ではない。屍を前に恐れおののき、世界はやはり立ち止まるべきなのだ。

ミサイルの飛んでこない遠い日本にいるわれわれも、同じ時代を生きる当事者でありたい。悲劇から目を背けることがあってはならない。

臆面

【2023年11月26日】

ネコは、変に群れないからいい。

とても超然としている。この日のコタローは、空き箱のへりにあごを乗せてじっとしていた。孤高な生き物だ。だから、ネコが派閥を作るという話はあまり聞かない。

一方、人間は派閥が好きで、やたらと群れたがる。少なくとも、派閥を作る心理は理解できてしまう。政治の世界で、派閥が幅を利かすのも道理なのかもしれない。

しかし、派閥があまり前面に出て来る政治はいただけない。

自民党の5つの派閥（政治団体として総務省に届け出ている）で、政治資金パーティー収入の記載漏れが発覚した。大きな問題だ。だが、僕がもっと首をかしげたのは、派閥という存在に対する自民党議員たちの「臆面のなさ」である。

派閥は必要悪だと、僕は思う。平成の初め、政治改革をめぐって永田町も世論も大騒動になっていたころ、諸悪の根源とされたのが自民党の派閥だった。

当時、派閥のボスは絶大な権力を誇った。力の源泉はカネの配分とポストの差配だ。そこが問題の温床《おんしょう》となるのは毎度のことと言える。当時、最大派閥・経世会（竹下派）の金丸信《かねまるしん》会長（元自民党副総裁）にまつわる巨額の不正献金、蓄財事件を経て、政治とカネにまつわる国民の政治不信は頂点に達した。

痛手を負った自民党は、１９９３（平成５）年の衆議院選挙で過半数を割り込み、野党に転落した。今の岸田文雄首相が初当選したのがこの選挙だった。つまり岸田さんは、野党暮らしから議員生活をスタートしたことになる。

だから、知らないはずはない。政治不信にさらされた当時の自民党への逆風の強さを。派閥という存在がどう批判されたかを。岸田さんは、宏池会（宮沢派）の幹部だった父親の故・岸田文武氏のもとで秘書を務めた経験もあるのだから、なおさらのことだ。

ところが、先日の衆議院予算委員会の答弁は、僕には意外だった。

岸田さんは、宮沢派の流れを引き継ぐ「宏池政策研究会」という派閥の会長である。野党議員が、派閥の政治資金記載漏れの問題を批判し、「現職の総理大臣なのだから、派閥の会長職を外れては？」と質《ただ》したのに対し、「現職の総理で派閥の会長を続けて行った例は過去にいくつもある」と語気を強めたのである。

それだけではない。経済再生担当大臣を務める新藤義孝氏は、現職閣僚である今も茂木《もてぎ》派

（平成研究会）の事務総長を続けているという。

それが僕には、「臆面」がないと映った。

僕はかつて、小渕派（茂木派の前身）を担当するNHK政治部の記者だった。前述した経世会のスキャンダルは、金丸会長の後継をめぐる派閥内の抗争へとつながった（こう書くと昔の任侠映画みたいだが、確かに似ている）。そして経世会は分裂し、大ざっぱに言うと、分かれた半分はやがて自民党を離脱し、残った半分が小渕恵三氏をトップとする小渕派となった。

党内最大から、規模で4番目の小さな派閥となった小渕派は、「政策集団」という顔で再生を図ろうとした。毎週、派閥の総会とともに政策勉強会を開いた。所属議員が得意分野をレクチャーしたり、外部講師を招いてその話に聞き入ったりしていた。

派閥が本来、党内の権力闘争の基地であり、装置であることに変わりはない。だから「政策集団」と気張ってみたところで、額面どおりに受け止めるのは無理があった。ただ、この派閥から総理大臣となった橋本龍太郎氏、小渕氏（いずれも故人）は、政権を預かる立場になると派閥を離れた。

形式上の話ではある。だが、せめてもの「臆面」はあったのである。

「臆面」。辞書で調べると、「気後れした顔つき」という意味である。「臆面もなく」という使われ方をする場合、その人の行為が、いけしゃあしゃあと図々しく映っている。開き直っているようにも見える。

岸田首相の答弁しかり、政治資金収支報告書の記載漏れしかり。そういうところから国民は自民党長期政権のおごりを感じ取るのではないだろうか。


自身の経験から言えば、派閥の取材は面白かった。掘れば掘るほど見えて来る人間模様と権力闘争の生々しさ。記者としては実に興味深い取材テーマだ。

今となっては赤面する思い出もある。経世会の分裂騒動のさなか、夜のラジオ番組から、「記者に電話で中継解説してほしい」と、報道局政治部に依頼があった。当時の自民党キャップは、一番若い僕を指名し、好きに話せと言ってくれた。

キャスターが、「露骨な権力闘争、国民不在ですね」と同意を求めてきた。僕は「陳腐な誘導だな」と感じてへそを曲げ、「政治家は権力を取ってなんぼです。私は権力闘争そのものを批判するつもりはありません」と生意気なコメントをした。後で番組側から「国民感情を分かっているのか」と苦情が来たが、キャップは笑ってやり過ごし、「お前、度胸あるな」とからかった。

今となっては未熟も甚だしい。取材対象に肩入れしてしまい、なるほど僕は国民感情が分かっていなかった。

こうした経験も経て、国民感情を多少は分かるようになった僕は、やはり、派閥の活動は控えめであるべきだと思う。仲良しサークルでいてほしい、などと気色悪いことは言わないが、派閥が幅を利かす党内の権力闘争を、世の中が面白がる風潮など、とっくに失せている。せめて、後ろ指を指されるようなカネ集めは、金輪際やめてほしい。

わが家には、コタローと小夏という2匹のネコがいる。3匹目は飼わない。人間は、3人寄れば派閥ができるという。2対1で多数派を形成しようとするからだ。ネコの場合も同じかどうかは分からないが、家で派閥争いなど見たくない。だから3匹目は飼わないつもりだ。たぶん。

分からんたいね【2023年12月6日】

連日、パワーハラスメントのニュースがあふれている。

パワハラのニュースを伝えるたびに、その被害者の痛みを思う。自分の友人たちからも、わが子が職場で上司のパワハラに悩んでいるという話を複数聞いた。何とか部署替えが実現してホッとしたというケースもあれば、会社を辞めざるを得なくなったというケースもあった。現実の日常リスクとして、これほどクローズアップされた分野は珍しいと言っていい。

これだけ痛い思いをした人が次々と顕在化している以上、問題を解消しなければならない。誤解を恐れずに言えば、解決の取り組みを、日本社会の進歩の糧にしていく必要もあると思う。粗暴な犯罪が横行する街の不穏。情報共有のツールであるＳＮＳが社会の分断をあおる皮肉。物価高にあえぐ日常生活。ニッポンは今、八方ふさがりの状態に見えて仕方がない。そんな現代をブレイクスルーして、幸福度の高い社会を目指す必要がある。当面の経済対策などとは別の大きな伸びしろがあるとすれば、それはむしろ人々の心のありようなのではないか。ハラスメントのない社会。それこそがこれからの僕たちの目指す道だ。

だが、現実はそう簡単ではない。社会が大きな曲がり角に来たとき、どうしてもカーブを曲がり切れずにコースを逸脱してしまう人たちもいる。

先日番組で伝えた、福岡県の宮若市長の「パワハラ事案」を見てそのことを痛感した。

市長が公用車を運転する職員を怒鳴りつける様子が、ドライブレコーダーに収められていた。こんな発言があった。

「運転手として行ったら、自分のスマホ見るんか?」。詫びる職員に対し、「すみませんで済むか!」とたたみかける。「そういう実態も知らんで、なんで公務員が務まるか!」と発言しているところを見ると、市長に同行した訪問先で、職員が車の中にとどまり、会話に加わらなかったことに腹を立てたようにも見える。

市長室での会議でも、恫喝《どうかつ》に近い場面があった。市長は資料の作り方が不満だったようで、「仕事なめんなよ、仕事! 仕事なめたら駄目! とことんやれって、仕事は!」とまくしたてる。その挙げ句、「そんならお前、辞めればいいじゃないか!」とまで言い切った。発言はすべて録音されていた。

こうして明らかになった高圧的な言動について、市長は取材に対し、「言った人と言われた人との関係が一番大事ですね。相手がどう受け取ったかが一番大事」と答えている。

つまりは愛のムチ、と言いたいのだろう。相手とは信頼関係ができており、パワハラとは言えないという主張のようだ。
こういう答えはわりとよく聞く。そして、こうした答えが、方便や言い逃れだったらむしろ分かりやすい。厄介なのは、本当に愛情の一環だと考えていたら、というケースだ。
さっそく報道ステーションの井澤健太朗アナウンサーが宮若市にかけつけ、市長にインタビューを申し入れた。
井澤「言いすぎたのでは？」
市長「あくまで人間関係の中で、言葉って発せられるので、それを一番大事にしている」
予想された答えだろう。井澤アナはさらに突っ込む。
井澤「今後、改めようとか考えないか？」
市長「自分が勝手に思い込んでいる部分があれば改めなきゃとは思います」
ご本人に反省の気持ちがないわけではなさそうだが、一方的に非難されるのは納得できない様子だ。自分なりに職員とのコミュニケーションを大事にしているし、職員の幸せを願っていることを強調する。ところが、最後の質問への答えに、ちょっと途方に暮れたような表情を浮かべた。
井澤「そういう考えをお持ちなのに、職員からパワハラ被害と言われるのは残念では？」

市長「まあね、難しい……。分からんたいね」

一般論として、世の中にはお節介も必要だ。パワハラと受け止められることを恐れて、例えば年長者が若い人に対し、何の指導もしなくなれば、世代間の断絶どころか、文化そのものも途切れて行きかねない。

ただ、本人が愛のムチだと思っていても、一方通行であれば、それはやはりパワハラとなると考えた方がよい。

昨年4月には、すべての企業を対象に「パワハラ防止法」が施行された。

日本は空前の高齢社会を迎えている。なかなか新しい価値観や行動様式になじめず、「昔ながらの愛のムチ」を振るってしまう人は、地方自治体のベテラン首長や議員などで特に目立つ。

そうした人たちを含めて、社会の曲がり角を、上手に曲がっていかなければならない。

「分からんたいね」では放っておけない問題である。

赤信号を渡ってはいけない【2023年12月18日】

3週間前、自民党の各派閥の政治資金パーティーの問題について、少しは「臆面」というものを持ってほしい、という趣旨をこのコラムに書いた。慎み深くあってほしいという意味だ。人間は3人寄れば派閥ができるものであり、自民党に派閥が存在することは、ある意味、必要悪であるという前提で書いた。

ところが、物ごとは、そのような甘い認識では立ち行かなくなってきた。派閥が政治資金パーティー券を売りさばくにあたり所属議員にノルマを課し、ノルマを超えて集めた分は、ご褒美のように議員にキックバックしていた。

この場合、派閥の側も議員の側も、政治資金収支報告書に記載していれば、法的な問題はない。だが、最大派閥の安倍派（清和政策研究会）では、キックバックした資金を報告書に記載せず、組織ぐるみで「裏金」として処理していたことが明るみに出た。岸田首相は、閣僚と副大臣から安倍派を一掃する人事を行い、ただでさえ低空飛行の岸田政権は、機体のバランスまで危うくなってきた。

「赤信号　みんなで渡れば　怖くない」。もはや名言の域に達したビートたけしさんの言葉だ。安倍派にはそんな心理があったのだろう。

総務相を辞任した鈴木淳司《じゅんじ》議員の説明が象徴的だった。閣僚在任中は全否定していたが、一転、2022年までの5年間に60万円の還流、つまり裏金を受け取っていたことを認めた。その上で「この世界で、文化と言えば変だが、その認識があった」と述べた。

違法なキックバックを、文化という言葉で表現するのは、いかにも変だ。だが、そうとしか表現できないほど浸透してしまっていたのだろう。金額も微妙だ。本人にとってはたかが60万というところかもしれないが、されど、60万である。

今ごろは、この件に関わった人間はすべてこう思っているだろう。

「赤信号　みんなで渡っちまった　どうしよう」

後悔先に立たず、である。

今回の問題は、派閥集合体としての自民党政治の弱点を浮き彫りにしたものとも言える。それは、脈々と受け継がれてきた自民党の遺伝子そのものだ。

読売新聞の主筆にして、御年97歳の渡邉《わたなべ》恒雄氏は、3年前に僕がNHKの番組で行ったインタビューで、1956年の自民党総裁選挙を取材したときの経験をこう語っていた。

「もう公然と、僕ら（記者）の見てる前で現ナマをね、総裁選挙の大会を開く会場の廊下でね、僕らの見てるところで現ナマの授受やってるんだから」「最初見たときはやはりショッキングだよ。これ、えらいもん見ちゃったな。隠そうとしないんだから」

日本が戦後の復興を歩み出したその当時、政治の権力闘争もエネルギーが充満していた。その負の側面として、政治の世界には「カネと数」がモノを言う文化が染みわたった。派閥政治は自民党本部の組織とは別の、もうひとつの自民党の正体であり、それに歯止めをかける仕組みも不十分だった。

昭和はそうした政治が続いた。派閥は当然のようにして巨額の裏金を配るものだと、僕は先輩記者たちに教わった。その先輩たちは今の自民党議員を見て、だいたいこうつぶやく。「政治家も小粒になったものだな」


僕が政治の取材をするようになったのは、1989（平成元）年からである。リクルート事件などによって政治不信がかつてなく高まっていたときだ。派閥政治の弊害が叫ばれ、政治とカネの問題に対し、政治家は常に襟《えり》を正すよう迫られた。実際、クリーンであろうとする政治家たちも増えた。「政治家も小粒になった」との先輩記者のつぶやきは、そのことを逆に証明しているとも言える。

自民党はとうとう野党になり、1994年、衆議院に小選挙区比例代表並立制を導入することや、政治資金の透明化と小口化を図る政治資金改革の法改正が、難産の末に実現した。5年以上に及ぶ政治改革論議はいったん終結した。だが、その中でなんとか生き残る形となったのが政治資金パーティーだった。

政治活動には、そもそも「自由」が保障されるべきだと僕は考えている。あるテレビ番組でコメンテーターが「もう全額、政党助成金でまかなったらどうか」という趣旨のことを述べていたが、それは違うと思う。税金で支払われる「政党助成金」に、政治家がすべて頼り切るようなことになれば、政治活動の自由を政府が縛ることにつながりかねず、そこにはまた別の、民主主義上のリスクが生じてしまうからだ。

政治家とは、苦労しても自前で政治資金を集めるのが基本だと思っているし、パーティーという形も、その建前の延長線上にあるものだと理解していた。

だからこそ、僕は今度の安倍派の「裏金工作」を残念に思うし、怒りを感じる。政治活動の自由を保つことの意義を、議員本人がどれくらい重く受け止めているのか疑問にも感じる。せめて最低限のルールくらい守れなかったのか。バレてしまってから慌てて、派閥の指示だったからとか、「文化」だったとか、いくら言い訳したところで、それは潔白の印にはならない。

やはり赤信号は渡ってはならない。微罪であったとしても、だ。

微罪では済まない可能性もある。自分が車にはねられて命を落とすかもしれない。あるいは、ひとつの信号無視がきっかけとなって、手ひどい玉突き衝突が起き、大けがをする人が出ることだってありうる。

いや、自民党はすでにかなりの大けがをしている。

本来は自力で治癒し、回復するのが望ましいが、今のところあまり期待できそうにない。岸田首相は政治の信頼回復に「火の玉となって取り組む」と発言したが、具体的な改革像は語られなかった。

検察はぞろぞろと赤信号を渡っていった政治家たちの罪の重さをはかりつつ、強制捜査に踏み切る構えだ。

戦争地を歩く

【2023年12月27日】

サボテンは以前にメキシコを訪れた際、あらゆるところで見かけた。そのサボテンをイスラエルで見るとは思っていなかった。商都テルアビブの空港から地中海沿いに南に向かえば向かうほど、サボテンはよく現れる。確かに、冬にして気温が20度にもなるというこのあたりの気候は、メキシコによく似ていると感じる。

南に向かうということは、すなわち、焦土と化しつつあるパレスチナ自治区のガザ地区に近づくことでもある。果樹園や牧草地が広がる豊かな光景を見ながら走ること1時間半、右に黒煙が見えてきた。ガザは今日も砲弾の嵐の中にあった。

私たち取材クルーが目指したのは、ガザ地区に近い、クファール・アザというキブツである。キブツとはイスラエル特有の、農業を中心とした共同体だ。このクファール・アザは、10月7日、ガザ地区を実効支配するイスラム組織・ハマスの急襲を受けた。ある者は鉄製の門扉を破壊し、ある者はパラグライダーで境界を越え、住人に銃弾の雨を降らせた。死者は60人に上り、このキブツの人口の、実に6人から7人にひとりが犠牲になったことになる。

果樹園でパイナップルなどを栽培していたアビハイ（42）は、自警のために銃をとって応戦したが、足を撃ち抜かれて動けなくなった。その後、妻と3人の子どもたちがハマスに連れ去られたことを知ったという。

「人生の中で一番幸せな瞬間でした」と、まじめな顔で振り返る。死んではいない、家族は生きていた。それが、皮肉なことに逆接的な「幸せ」という表現となった。もちろん、多くの隣人が殺されるのをその目で見ていたアビハイは、文字どおりの「幸せ」など感じていない。拉致から51日後、家族は奇跡的に解放されたが、戦争が終わっても、もう家には戻らないつもりだ。家族は今もトラウマに苦しんでいる。武装した男たちが押し入り、無理やり連れていった悪夢の家など、子どもたちには酷というものだ。美しい庭とサウナがある自慢の家だが、アビハイは捨てることにした。

1000人を優に超える死者を出し、第二次世界大戦の際のユダヤ人大虐殺を想起する人も多いという10月7日のハマスの奇襲は、イスラエル国民に激しい怒りと恐怖をもたらした。ネタニヤフ首相は、奇襲を許した失態を挽回しようと、ヒステリックなほどの空爆と地上戦で報復に出た。今、ガザ地区の死者は、すでに2万人を超え、イスラエル軍はガザ地区北部をほぼ制圧したと言うが、ネタニヤフは手を緩める気配はない。

世論調査上は、多くのイスラエル国民が、ハマスせん滅のための攻撃は今後も支持すると答えている。しかし、実際に市民の声を聞くと、その思いには濃淡がある。テルアビブで会った22歳の女性にマイクを向けると、「政治的な意見は控える」と言った。アビハイも、政治性の強い問いかけには慎重だった。彼は、「人質が全員返ってくることが最優先だ」と答えた。家族が連れ去られた経験を持つアビハイにすれば、同じ境遇の人たちへの思いが強いのは自然である。

ハマスのテロリストは許さないにしても、ガザ地区の一般市民まで犠牲になることを喜ぶ市民はいないと信じたい。「人質の全員返還」は、悩めるイスラエル人がたどり着く、最大公約数でもあるのだと思う。

一方のパレスチナ人の思いは、より峻烈《しゅんれつ》だ。ガザと同じ（実効支配組織は異なる）パレスチナ自治区であるヨルダン川西岸地区を訪ねた。自治区と言っても、パレスチナ人から支配権を奪い、入植と称してイスラエルが支配を広げているところもあれば、パレスチナ自治政府がにらみを利かせ、一般のイスラエル人が入るのは危険とされる街もある。キリスト生誕の地とされるベツレヘムは後者である。

ベツレヘム市民のイスラエルに対する憎悪の念は、誰に聞いても深かった。「ユダヤ人に追い出された」形で、難民キャンプに押し込まれた人々のそれは、なおさらだ。その生活を分離壁が囲む。「パレスチナ人を寄せ付けたくない」と考えるイスラエル側が立てた壁である。物理的な壁であり、両者を隔てる心理的な壁でもある。

壁は恐怖の象徴でもある。

ベツレヘムに、UNRWA（国連パレスチナ難民救済事業機関）が運営する学校がある。その隣に住み、卒業生でもある17歳のムハンマドは、外の階段を上って家の屋上に出たところをイスラエル兵に撃たれ、死亡した。キャンプのすぐ近くに立つ壁には、あちこちに監視塔がある。そこでは、狙撃兵が常に銃を手に監視している。反イスラエルの活動家やテロリストを発見すれば狙撃をためらわない。

ムハンマドは果たして危険な人物だったのだろうか。彼の母親は断固として否定した。「息子は屋上にある勉強部屋（確かにテントで囲われ、勉強机とベッドがあった）にものを取りに行っただけ。殺される理由なんてない」と訴えた。

後日、イスラエル兵がやってきて武器を捜索し始めたという。しかし、出てきたものはムハンマドの携帯電話だけだった。

憎しみは恐怖を伴い、過剰な行動へと転化する。殺し合いはそうして続いていく。負の連鎖がそこにはあった。悲劇の土壌は、常に耕し続けられるのだ。その根深さは、遠く日本で思い描いていたものを大きく超えていた。

イスラエルの建国以来続く、この地での激しい対立感情を和らげる解など、容易に出せるはずがないと、あきらめに似た気持ちに襲われた。

旅の終わり、もう一度アビハイのキブツを訪ね、最後の中継リポートを行った。仕事を終えて現場を離脱し、近くのガソリンスタンドに立ち寄ったところで、ガザから砲弾が放たれ、警報が鳴った。スタッフは全員地面に伏せた。そして、イスラエル軍の迎撃ミサイルが相手の砲弾を撃ち落とした。

恐怖を感じたが、「目を覚ませ」と言われたようにも感じた。これからも、この現実から目をそらしてはならないと思った。ジャーナリストとしてこの地を見て、戦争の肌触りを知ることができたひとりとして、伝え続けようと思う。そしていつか、段階的な解決への小さな糸口が見えたら、いち早くそのことに気づき、発信する存在でありたい。

5日間の駆け足の旅を終え、機中の人となった僕は、なかなか眠りにつけない中で、強くそう思った。

おわりに

取材でお世話になっているある大学教授に、「あなたはニュースを情で語るようなところがありますねえ」と、妙に感心した顔つきで言われたことがある。感心してもらっていいことなのかどうか。

確かに、自分で書いたコラムをもう一度読み直してみると、ずいぶんと情に流されているところが多い。WBCの優勝で興奮状態に陥ってしまったのは、まあ仕方ないとしても、ウクライナに侵攻したロシアのプーチン大統領に対しては、怒りをストレートにぶつけていて全く容赦がない。放送の中でもそうだった。

「いやしくも一国の指導者に対して、失礼な物言いではないか」などとも考えてみたが、いや、これでいいのだと考え直した。この場合、情も込もってはいるが、言っている中身に間違いはないと自信を持って言えるからだ。怒るべきときはしっかりと怒っていいのだ。

大切なのは怒りの基準を間違えないことだ。

今を生きる日本人にとって、絶対的な価値観は存在すると、僕は思っている。人を殺してはならない、人のものを盗んではならない、といった人間として当たり前の道徳は当然そうだ。

それに加えて僕たちには、先人たちが尊い犠牲を払って残してくれた大切な財産がある。

それは例えば平和であり、民主主義の大切さである。

プーチン大統領は、そのすべてを踏みにじっている。それは日本（西側）の勝手な価値観だと、プーチン支持者は言うかもしれない。だが僕たちは、戦後の日本が平和に生きてきたことを知っている。民主的な社会で、互いの意見を尊重しながらも言論の自由を謳歌してきたことを知っている。

だから僕たちは、もっと自信を持っていい。経済的には勢いを失って久しいが、戦後の日本の歩みをもっと誇っていいと思う。そこで生まれ育ったひとりのジャーナリストとして、僕は自らの良心に照らし、言うべきことを言い、怒るべきときには怒ろうと思っている。もちろん、それが独りよがりの正義ではないと確信したときに、である。


何だか決意表明になってしまった。それには訳がある。

報道ステーションのキャスターになってから、いくつもの驚くべきニュースがあったが、ロシアによるウクライナ侵攻は中でも衝撃的な出来事のひとつだった。あれから2年余りが経過したが、ウクライナにとって戦況は必ずしも芳しくない。兵士をただの駒としか考えないプーチン大統領の非情な戦術が、長期戦の中で功を奏しつつあるように見える。

そんな不条理が許されていいはずがない。だから、僕は言論の力を正しく使い、責任を持って語っていくつもりだ。本番の放送の中でもそうだし、言い切れなかったことはもう一度冷静に振り返り、これまでどおり、こうしたコラムの形で書き残していきたい。

コラムを書きため、それを書籍化できたのは、地道に取材を積み上げる報道ステーションのスタッフの努力があってこそのものだ。番組チーフ・プロデューサーの柳井隆史さんとプロデューサーの植村俊和さんには、関係各所との調整など全面的に協力いただいた。マネジャーの吉野友美さんには、コラムの第1稿のファクトチェックや用語確認に至るまで、すべてを助けていただいた。

また、小学館の新里健太郎さんが、「特に手を加えることなく、そのまま本にしましょう」と提案していただいたことはとても嬉しかった。

そして、たまの休みにもかかわらず、ブツブツとつぶやきながらパソコンにばかり向かう夫に不満を言うこともせず（番組にはときどき厳しい注文をつけるが）、こまめにネコの世話もしてくれる妻は、書籍化を実現できた最大の功労者だった。

皆さまに心からの感謝を申し上げます。

２０２４年３月

本書は、テレビ朝日「報道ステーション」公式ホームページ上において連載されている「大越健介の報ステ後記」より、著者が２０２１年10月〜２０２３年12月のコラムの中から71本を選び、加筆、修正を行いまとめたものです。

※登場する人物の年齢や肩書、地名、団体の名称等は執筆当時のものです。

大越健介（おおこし・けんすけ）
1961年新潟県生まれ。東京大学文学部卒。大学在学時は硬式野球部に所属し、エースとして活躍。東京六大学リーグ通算８勝27敗の成績を残し、日米大学野球選手権の日本代表にも選出される。85年ＮＨＫに入局。政治部記者、ワシントン支局長を経て、帰国後は『ニュースウオッチ９』『サンデースポーツ2020』などのキャスターを務めた。21年6月ＮＨＫを退職。同年10月よりテレビ朝日『報道ステーション』のメインキャスター。

ニュースのあとがき

2024年4月30日　初版第1刷発行
2024年6月29日　　　第2刷発行

著者　大越健介
発行者　三井直也
発行所　株式会社 小学館
〒101-8001　東京都千代田区一ツ橋2-3-1
電話／03-3230-5961（編集）　03-5281-3555（販売）
印刷所　TOPPAN株式会社
製本所　株式会社 若林製本工場
本文DTP　ためのり企画

 ISBN978-4-09-389158-5